东方建筑遗产

保国寺古建筑博物馆

· 2011年卷 ·

文物出版社

封面设计 朱秦岭
责任印制 陈　杰
责任编辑 李　飏

图书在版编目（CIP）数据

东方建筑遗产·2011年卷/保国寺古建筑博物馆编.
－北京：文物出版社，2011.11
ISBN 978－7－5010－3317－1

Ⅰ.①东… Ⅱ.①保… Ⅲ.①建筑－文化遗产－保护
－东方国家－文集 Ⅳ.①TU－87

中国版本图书馆CIP数据核字（2011）第223584号

东方建筑遗产·2011年卷
保国寺古建筑博物馆　编
文物出版社出版发行
（北京市东直门内北小街2号楼）
http://www.wenwu.com
E-mail:web@wenwu.com
北京文博利奥印刷有限公司制版
文物出版社印刷厂印刷
新华书店经销
787×1092　1/16　印张：14
2011年11月第1版　2011年11月第1次印刷
ISBN 978－7－5010－3317－1　定价：120.00元

《东方建筑遗产》

主　　管：宁波市文化广电新闻出版局

主　　办：宁波市保国寺古建筑博物馆

学术后援：清华大学建筑学院

学术顾问：罗哲文　郭黛姮　王贵祥　朱光亚　张十庆
　　　　　吴庆洲　杨新平

编辑委员会

主　　任：陈佳强

副 主 任：孟建耀

策　　划：邬向东　徐建成

主　　编：余如龙

副 主 编：李永法

编　　委：(按姓氏笔画排列)
　　　　　王　伟　邬兆康　沈惠耀　应　娜　范　励
　　　　　郑　雨　翁依众　符映红　曾　楠　颜　鑫

◆目 录◆

壹 【遗产论坛】

· 建筑遗产的预防性保护研究初探 ＊朱光亚　吴美萍 ．．．．．．．．．．．．．．．．．．． 3
· 浙江乡土建筑保护与再利用的实践 ＊杨新平 ．．．．．．．．．．．．．．．．．．．．．．．．．． 9
· 武夷山摩崖石刻现状实录技术研究 ＊汤众　戴仕炳 ．．．．．．．．．．．．． 23
· 广州传统宗教信仰场所与城市形态研究中的GIS应用探索

　　　　　　　　　　　　　　　　　　　＊何韶颖　汤众 ．．．．．．．． 31
· 国家考古遗址公园规划编制初探 ＊贺艳 ．．．．．．．．．．．．．．．．．．．．．．．．．．．． 43
· 杭州市闸口白塔的保护与展示方式构想 ＊覃海　肖金亮 ．．．．．．．．．．．． 55

贰 【建筑文化】

· 中国景观集称文化研究 ＊吴庆洲 ．．．．．．．．．．．．．．．．．．．．．．．．．．．．．．．．．．．． 65
· 宋代瓦舍之勾栏形态考述——论其与"棚"之关系 ＊胡臻杭 ．．．．．．．．．．．． 75
· 上海近代历史建筑外墙类型与特点初探 ＊宿新宝 ．．．．．．．．．．．．．．．．．．． 87
· 探析明清江南厅堂建筑中轩的形成 ＊王佳 ．．．．．．．．．．．．．．．．．．．．．．．．．． 99
· 宁波古戏台的文化概论 ＊杨古城 ．．．．．．．．．．．．．．．．．．．．．．．．．．．．．．．．．．． 107
· 嵊州古桥探析 ＊王鑫君 ．．． 117
· 宁波鼓楼与宜春鼓楼之比较 ＊杜红毅 ．．．．．．．．．．．．．．．．．．．．．．．．．．．．．． 129

叁 【保国寺研究】

· 浅析建筑遗产保护与科学技术应用 ＊余如龙 ．．．．．．．．．．．．．．．．．．．．．．． 135
· 宁波保国寺经幢复原研究 ＊沈惠耀 ．．．．．．．．．．．．．．．．．．．．．．．．．．．．．．．． 141
· 无损检测技术在保国寺文物保护中的应用 ＊符映红 ．．．．．．．．．．．．．．． 145
· 保国寺晋身"国保"年五十　宋遗构甬城"国宝"传千载 ＊曾楠 ．．．．．． 149

肆 【建筑美学】

· 宁波庆安会馆雕刻图案特色及意蕴分析 * 黄定福 161

伍 【佛教建筑】

· 清代承德地区的佛寺与祠庙 * 王贵祥 177
· 江南禅寺廊院与山门形制 * 张十庆 185

陆 【历史村镇】

· "花、酒、景、人、诗"——杏花村的文化空间解析 * 雷冬霞　李祯 195

柒 【中外建筑】

· 中日古建筑石造物调研经过及其意义 * 山川均 209

【征稿启事】 215

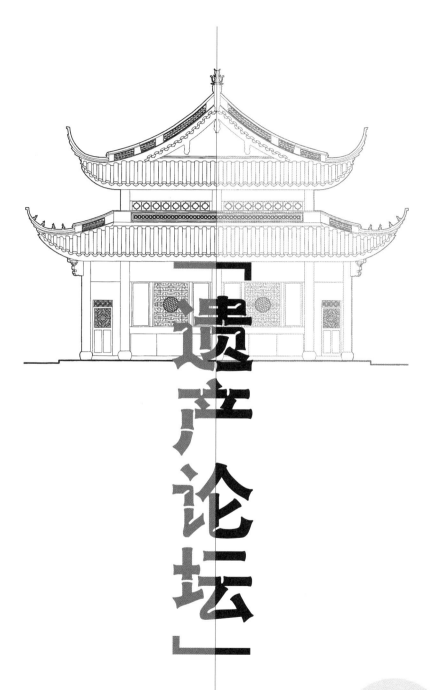

「遺產論壇」

壹

【建筑遗产的预防性保护研究初探】

朱光亚　吴美萍·东南大学建筑学院

摘　要：提出了预防性保护的新概念，从概念的出现及其演变谈起，综合建筑遗产保护史谈了对建筑遗产的预防性保护的认识；并结合欧洲地区和中国相关方面的实践，初步探讨了中国建筑遗产的预防性保护的相关问题。

关键词：预防性保护　建筑遗产　监测

一　预防性保护的出现及其概念演变

3

预防性保护一词来自"Preventive Conservation"的直译。1930年在罗马召开第一届艺术品检查和保护科学方法研究的国际会议，最早提出了预防性保护的概念。直至20世纪80年代预防性保护才开始被广泛讨论和研究，并作为一个独立学科出现在北美部分国家的博物馆藏品文物保护领域，概念的强调是始于"文物保护不应该只关注单体，而应该关注整体，关注环境对文物的影响"[一]的认识。到20世纪90年代，北美地区许多博物馆都建立了预防性保护总体规划。对预防性保护的定义比较常见的有："防止文物破损或降低文物破坏可能性的所有措施"（Jeffrey Levin，1992），"对藏品所处环境的管理"（Dardes & James Druzik，2000），以及后来的强调"预防性保护并不是一个人或几个人的事情，而是需要全体员工的参与，是所有员工都应该持有的意识"（Neal Putt & Sarah Slade，2004）[二]。

20世纪90年代末，预防性保护的概念开始出现在建筑遗产保护领域。国际上许多遗产保护机构建立了相关专项课题研究，其中，以比利时鲁汶大学雷蒙德·勒麦尔国际保护中心（Raymond Lemaire International Center for Conservation，RLICC）[三]为代表。该中心结合当地"文物古迹看护"（Monumentenwacht/Monumentwatch）机构近二十年的维护监测经验，于2007～2008年间连续举办了两届"建筑遗产的预防性保护与监测"论坛，后来于2009年3月成功申请了"关于建筑遗产预防性保护、监测、日常维护

[一] Michalski，Stefan．Looking Ahead to Future Challenge．CCI Newsletter，No．30，November2002．

[二] Meiping WU．Understanding 'Preventive Conservation' in Different Cultural Contexts．Preventive Conservation：Practice in the Field of Built Heritage，Fribourge，2009：134—140．

[三] RLICC 国际保护中心成立于1976年，为欧洲最早的培养遗产保护专业硕士的机构。创始人 Raymond Marie．Baron．Lemaire（1921～1997年）是欧洲遗产保护界的元老，他是《威尼斯宣言》的主要撰写人，是 ICOMOS 的创始人之一，为 ICOMOS 的首任秘书长，也是 ICCROM 的教授。他曾经参与过雅典神庙、比萨斜塔等重要保护工程。

的联合国教科文组织教席"（UNESCO Chair on Preventive Conservation, Monitoring and Maintenance），建立了第一个关于建筑遗产预防性保护的科研平台和网络体系。该中心的研究人员Neza Cebron Lipovec从建筑遗产保护的角度给出了预防性保护的定义，她认为："预防性保护包括所有减免从原材料到整体性破损的措施，可以通过彻底完整的记录、检测、监测，以及最小干涉的预防性维护得以实现。预防性保护必须是持续的、谨慎重复的，还应该包括防止进一步损害的应急措施。它需要居民和遗产使用者的参与，也需要传统工艺和先进技术的介入。预防性保护只有在综合体制、法律和金融的大框架的支持下才能成功实施。"[一]

目前对建筑遗产预防性保护的研究主要是从技术层面、社区民众参与和经济法律制约这几个方面展开的。其中，技术层面主要是对如何进行科学记录和监测工作的研究；社区民众参与和经济法律制约这几个方面主要是通过分析相关组织机构的具体实践，探讨如何在现有社会经济体制下更有效地实施预防性保护。

二　从西方建筑遗产保护史理解预防性保护

我们知道，人与建筑相生相息，房子哪些地方破损了就修补一下，哪些地方容易出问题就定期检查一下，这些都是很正常的事情，可以说，对建筑的维修和日常维护贯穿着整个人类历史，不同阶段的人们都根据所处时代的不同经验维护着老房子。以欧洲地区为例，早期主要相关案例可见《圣经》中提到的对神庙的维修和日常维护。中世纪期间，历经了从破坏文物古迹到重新重视文物古迹的过程，以罗马为例，被誉为现代遗产保护之父的拉斐尔于1515年致信教皇呼吁对文物古迹的保护，之后拉斐尔负责对罗马古迹的调研记录工作；同时欧洲第一个负责文物古迹保护工作的正式机构也宣告成立。17～18世纪，欧洲各地开始出现对文物古迹保护方法和准则的讨论，相关保护机构也开始出现。到了19世纪，逐渐形成了以英国、法国、意大利为代表的几个保护学派，其中以法国保护专家Eugene EmmanueI Viollet-le-Duc最具影响力，他提倡样式修复，英国、意大利的保护专家虽然提倡各自不同的保护理论，但在很多实际保护工程中又往往效尤Viollet-le-Duc的样式修复[二]。当时欧洲很大一部分的重要建筑都被修复成特定时期的某种样式，其他时期的不同风格大多数情况下都一概被摒除。这样的修复行为后来引起民众反对，被视为是对建筑遗产的毁灭性破坏。于是，就有了反修复运动——鼓励平等对待每个时代的遗存，认为每个历史阶段都有各自不同的价值。反思过去的修复行为及其他保护方法，遗产保护界开始对遗产保护的某些原则和基本概念进行讨论，经过讨论达成一定共识并形成了相关的国际性条约，如《雅典宪章》、《威尼斯宪章》等。

从样式修复到反修复运动，从讨论展开到国际条约形成，欧洲的保护专家都一直试图寻找出更好的保护建筑遗产的方法。后来，原真性、完整性、连续性渐渐成为保护建筑遗产的几个关键词，当诸多保护方法无法实现遵循这几个基本原则时，相对的不作为渐渐成为一个选择。1973年，荷兰开始出现专门提供维护服务的非政府机构Monumentenwacht，该机构提倡"预防胜于治疗"的保护理念，通过进行定期检查和必要时的小型维修，以预防建筑损毁。检查工作由工作小组完成，每个工作小组由一辆车和两名检查员组成；检查车配备齐全，里面有进行维护检查可能用到的所有设备——梯子、安全带、望远镜、电脑等，各种小型维修需要的材料、工作台和各种工具；检查员都是有经验的保护建筑师或者工程师。后来在比利时等欧洲各地均出现类似机构，负责对建筑遗产进行定期检测和针对性维护，相对于早期大动干戈的保护工程，这种检测和维护工作是相对静态而变动较少的。

20世纪80至90年代，全球化、旅游业发展、环境恶化等因素，使建筑遗产保护面临更多风险，风险防范的意识开始增强；另外，随着现代测量技术的不断进步，原有的经验型检测渐渐移交给基于现代测量设备的科学监测，使对遗产面临环境灾害以及结构材料损毁的分析评估工作变得可行。以世界遗产为例，1994年起，世界遗产委员会正式将监测工作列为世界遗产委员会的职责之一，在1996年版的《世界遗产公约执行操作指南》中正式纳入了"系统监测与报告"、"反应式监测"工作。2005年最新版的《世界遗产公约执行操作指南》经修正后，监测工作已成为世界遗产最重要的经营管理项目之一。

日常维护胜于大动干戈，灾前预防优于灾后修复，这一认识渐渐获得了建筑遗产保护界专家学者的认可，预防性保护成为了建筑遗产保护领域一个新的研究课题。反思历史，定位现在，建筑遗产的预防性保护的提出，是有其一定的历史必然性的，并不是简单地借用或套用博物馆保护领域的概念，它体现了建筑遗产保护领域一种新的保护趋势和保护理念。

三 相关实践

（一）欧洲地区的相关实践

除了上文提到的从事定期检测工作的Monumentenwacht的机构，欧洲地区在预防性保护方面的相关实践还有：

1. 文化遗产的风险评估（Risk Map of Cultural Heritage）。1992～1995年由意大利保护研究中心（Istituto Central peril Restauro，ICR）发起，其

5

[一] Neza Cebron Lipovec, Preventive Conservation in the International Documents : from the Athens Charter to the ICOMOS Charter on Structural Restoration, 2008.

[二] J Jokilehto, A History of Architectural Conservation, Butterworth-Heinemann, 1999.

核心思想是：针对建筑遗产保护现状和所处环境的恶劣情况，通过GIS技术对环境引起的危害进行评估（如洪水灾害、地震灾害等），同时也对遗产的保护状态进行监测，以便管理控制和更有效地采取相关保护措施，该项目首先在罗马、那不勒斯、拉文纳和都灵四个城市进行，之后推广到意大利全国范围[一]。到本世纪初同样名称的项目又在比利时出现，但侧重点有所不同，这次主要是基于先进科学记录技术对建筑遗产单体的各种危害因素进行测绘记录，形成风险危害分布图（裂缝、霉变等），并通过持续的监测工作，分析风险危害的变化，为选择科学的保护方法提供参考。

2. 文物古迹损毁诊断系统（Monument Damage Diagnostic System，MDDS）。1994年欧盟环境研发部门有个项目名为"古代砖结构损毁评估专家系统"[二]，该项目通过收集来自比利时、德国、意大利和荷兰各地不同建筑遗产损毁情况，通过调查问卷和现场检测确定了损毁类型（每种损毁都有图示说明），以及现场的持续监测和实验室的精确测试对损毁原因和损毁过程进行分析，最后将所有信息转化为计算机语言，形成了"砖结构损毁诊断系统（Masonry Damage Diagnostic System）"的计算机软件。该系统最初局限于诊断砖构建筑材料的损毁情况，后来扩展到对建筑结构损毁以及其他建筑材料损毁的诊断，从而形成了如今的文物古迹诊断系统。该系统最大的一个贡献是形成了一个关于文物古迹损毁情况的数据库，通过计算机软件操作实现非专家用户对建筑遗产的损毁情况进行专业分析[三]。将来MDDS会发展成为MCDS，即：文物古迹保护诊断系统（Monument Conservation Diagnostic System），作为预防性保护的一个监测工具。所涉及的内容将包括：更多的建筑材料（木构和混凝土），更多的结构分析，以及对保护方法技术的相关规定等。

（二）中国的相关实践

预防性保护虽然是个外来概念，但纵观中国建筑遗产保护史就会发现中国从古至今的一些保护实践都体现了一种预防性保护的理念。

1. 古代的相关作为。防微杜渐式的日常维护和经常性的修缮，是中国建筑遗产保护传统的重要部分，如《大清会典·内务府》卷九四中提到"保固年限"："宫殿内岁修工程，均限保固三年。新建工程，并拆修大木重新盖造者，保固十年。挑换椽望，揭瓦头停者，保固五年。新筑地基，成砌石砖墙垣者，保固十年。不动地基，照依旧式成砌者，保固五年。修补拆砌者，保固三年。新筑地基，成砌三合土者，保固十年。不动地基，照依旧式成砌者，保固五年。新筑常例灰土墙，保固三年。夹陇提节并筑素土墙者，均不在保固之例。如限内倾圮者，监修官赔修。"[四]另外，对于地方建筑的保护，自古有一套约定俗成的民间维护系统：直到新中国成立前，民间一直存在着一套当地工匠自主叫卖修补房屋的服务系统，即于每年梅雨季节前后及冬季来临前后，沿街叫卖"捉漏"[五]等，为居民提供换瓦、换椽等修补性服务。一般居民多少都懂一些房屋维护常识，都能自主进行小型维护工作，如定期清理排水沟等。这样一套由当地工匠和居民共同形成的民间维护系统，对保护古代建筑尤其是乡土建筑起了非常大的作用。

2. 现代几个监测案例。上世纪七八十年代，虎丘塔因修缮工程需要，对塔身倾斜度、塔基沉降、位移裂缝等方面进行监测。这些监测活动协助了当年修缮的成功实施，也建立了国内最早的科学监测系统[六]。20世纪90年代后期开始至今的应县木塔的监测，首次运用了GPS三维扫描仪等先进技术，对木塔变形等方面进行持续监测；本世纪初开始的保国寺大殿的监测工作，应用现代计算机数字化信息技术，对殿内微环境（温湿度等）以及木构材质的变化进行持续监测，并建立了数据采集、信息管理和数据展示三者融为一体的监测系统；近年来开展的苏州古典园林监测预警系统的建设工作，探讨了世界遗产地监测工作的具体实施以及监测规范的如何制定。这几个监测案例的出发点和侧重点都不尽相同，但目的在一定程度上是一致的，即希望通过监测分析建筑遗产的损毁变化规律，以此为依据慎重选择合适的保护方法，以避免盲目的大动干戈的保护工程。

四 中国建筑遗产的预防性保护

建筑遗产的预防性保护作为一个新概念，体现了一种新的保护理念，它强调通过科学记录、定期检测和日常维护等手段及时发现并消除隐患，通过风险评估和科学监测等方法分析损毁变化规律，并以此来确定科学的保护方法技术。它需要长期而持续的工作，从长远看，它科学而经济；但从短期看，其监测的高成本以及成效的难以实现，都使其难以成为目前建筑遗产保护界的主流。然而，它所提倡的预防新理念，无疑为当前中国建筑遗产保护界提供了一种新的保护思路：首先是保护态度的根本改变，即以预防为主，包括预防自然环境、人为活动以及建筑结构自身老化等方面带来的损坏；其次是工作重点的改变，从单纯依赖损毁后修缮保护工程转为强调日常维护和科学监测相融合的日常管理；最后是保护系统性的提倡，避免只注重建筑结构损坏的预防，提倡基于建筑遗产综合价值评估的系统性预防，关注建筑与环境相生关系被破坏的预防，以及其他影响建筑遗产综合价值方面被破坏的预防。结合目前

[一] G.Aaccardo, E.Giani and A.Giovagnoli.The Risk Map of Italian Cultural Heritage.Journal of Architectural Conservation. Volume 9 Number 2 July 2003.

[二] 该项目英文名为 "EV5V—CT92—01—08—Expert System for Evaluation of Deterioration of Ancient Brick Masonry Structures"，是由鲁汶大学雷蒙德·勒麦尔国际保护中心（Raymond Lemaire International Center for Conservation, RLICC）、意大利米兰理工大学结构工程系（Department of Structural Engineering,Politecnico of Milan）、荷兰代尔伏特建筑机构研究所 TNO (Building and Construction Research) 和德国汉堡技术大学（technische universitat hamburg）共同合作负责。

[三] Van Balen, K, Mateus, J, Binda, L.Expert System for Evaluation of Deterioration of Ancient Brick Masonry Structures：scientific background of the damage atlas and the masonry damage diagnostic system.Luxembourg：Office for official publications of the European communities, 1999.

[四] 马炳坚：《谈谈文物古建筑的保护修缮》[J]，《古建园林技术》2002 年4月版，第58～64页。

[五] "捉漏" 乃苏州一带俗语，指修补腐椽、更换破损屋瓦等一系列维护屋面以防漏雨的保护方法。

[六] 陈嵘主编：《苏州云岩寺塔维修加固工程报告》[M]，文物出版社，2008 年6月版。

中国遗产保护情况，预防性保护可借助国内对世界遗产监测问题的重视的契机加以拓展：从世界遗产、全国重点文物保护单位开始实施，选择有条件的建筑遗产进行试点，逐步推广和纳入到文化遗产保护的大系统。

【浙江乡土建筑保护与再利用的实践】

杨新平·浙江省文物局

摘　要：文章通过对浙江乡土建筑基本情况的概述，阐述了乡土建筑保护的原则，回顾了浙江乡土建筑保护的历程及存在的问题，提出保护的若干设想，并就乡土建筑再利用的几种形式作了分析。

关键词：乡土建筑　保护利用

乡土建筑是文化遗产的重要组成部分，"它是那个时代生活的聚焦点，同时又是社会史的记录。它是人类的作品，也是时代的创造物。如果不重视保护这些组成人类自身生活核心的传统和谐，将无法体现人类遗产的价值。"[一] 上世纪五六十年代，有关部门和科研单位开展对浙江乡土建筑的调查研究，省政府在60年代初公布的首批省级文物保护单位中将东阳卢宅（图1）列为保护对象，至80年代末各级政府及相关部门才开始重视乡土建筑的保护，新公布的文物保护单位中乡土建筑所占比例逐渐提高，还专门公布保护了古镇、古村及历史街区中的民居建筑群，政府和民间的保护经费投入也不断增长。出现了一批保护利用工作做得较好的古村、镇如嘉善西塘、湖州南浔、桐乡乌镇、德清新市、宁海前童、绍兴安昌、兰溪诸葛、武义俞源等（图2）。

9

[一] 国际古迹遗址理事会《关于乡土建筑遗产的宪章》(1999)，见《国际文化遗产保护文件选编》，文物出版社，2007年10月版。

图1　东阳卢宅肃雍堂

图2　湖州南浔

一 浙江乡土建筑基本情况

（一）文物保护单位中的乡土建筑

浙江省的文物保护单位中，民居建筑占了相当的比例，全省全国重点文物保护单位132处，其中乡土建筑占总数的28%。包括一些古镇、古村落，如临海桃渚，武义俞源，永嘉芙蓉，兰溪诸葛、长乐、芝堰（图3）；建筑群，如东阳卢宅、诸暨斯宅（图4）、平阳顺溪陈氏民居、平湖莫氏庄园；名人故居、旧宅，如绍兴鲁迅故居、蔡元培故居（图5）、余姚王守仁故居、桐乡茅盾故居、慈溪虞氏旧宅；其他乡土建筑，如乐清南阁牌坊群、宁海古戏台、瓯海四连碓造纸作坊（图6）等等。在748处省级文物保护单位中，乡土建筑约占总数的35%。市县级文物保护单位中乡土建筑的数量更是可观。

图3　兰溪芝堰村

图5　绍兴蔡元培故居

图4　诸暨斯宅——千柱屋

图6　温州瓯海四连碓造纸作坊

表1：省级文物保护单位中的乡土建筑

批次	公布时间	总数	乡土建筑	占总数比例
第一批	1961.4.15	42	1	2%
第二批	1963.3.11	58	1	1.7%
第三批	1989.12.11	118	18	15%
第四批	1997.8.29	126	39	30.9%
第五批	2005.3.16	163	67	41%
第六批	2011.1.7	373	155	42%

（二）历史文化村镇

浙江省七届人大常委会六次会议在1988年11月通过的《浙江省文物保护管理条例》中明确"省级历史文化名城、名镇和历史文化保护区由省人民政府核准公布"，这是浙江首次在制定颁布的地方法规中明确保护历史文化名镇、历史文化保护区的条款，在全国也是较早正式提出保护历史名镇、保护区的省份。2002年10月，全国人大常委会修订通过的《中华人民共和国文物保护法》，首次明确规定"保存文物特别丰富并且具有重大历史价值或者革命纪念意义的城镇、街道、村庄，由省、自治区、直辖市人民政府核定公布为历史文化街区、村镇，并报国务院备案。"此后颁布的《中华人民共和国城乡规划法》、《历史文化名城名镇名村保护条例》进一步全面明确了历史文化名城、名镇、名村保护管理的相关问题。

浙江省政府于1991年10月公布了第一批省级历史文化名镇和历史文化保护区名单，共计18处，有力地推动了全省历史村镇保护工作。1999年7月，省九届人大常委会十四次会议通过并颁布了《浙江省历史文化名城保护条例》，该条例适用于全省历史文化保护区，即历史街区、古镇、古村、建筑群的保护、管理工作，这是全国首个专项保护历史文化名城、街区、村镇的省级地方法规。之后，省政府又于2000年和2006年公布了两批省级历史文化保护区（街区、村镇）名单，至目前为止，全省共有省级历史文化村镇、街区79处；建设部会同国家文物局从2003年起至今先后公布了五批中国历史文化名镇、中国历史文化名村。浙江分别有西塘镇、乌镇等16处中国历史文化名镇和俞源村（图7）、深奥村等14处中国历史文化名村（见表2）。兰溪、东阳、武义等市县也陆续公布了市县级历史文化名镇、名村。

表2：（浙江）历史文化名镇、名村、街区公布情况

批次	公布时间	中国名镇	中国名村	省级街区	省级村镇
第一批	1991.10.7			15（历史文化名镇）3（历史文化保护区）	
第二批	2003.10.8	2	2		
	2000.2.18			25（历史文化保护区）	
	2005.9.16	4			
第三批	2007.5.31	4	2		
	2006.6.2			2	33
					1
第四批	2008.10.4	4	1		
第五批	2010..	2	9		
总数		16	14	79	

12

图7　武义俞源村

（三）其他乡土建筑

　　除了上述两大类已列入政府保护名录的乡土建筑之外，在浙江尚有大量遗存。在第三次全国文物普查中，浙江省登记新发现文物点六万多处，乡土建筑占了极大的比例，其中仅传统住宅建筑就有三万余处，约占总数的一半，永嘉县普查登记的文物点中，乡土建筑更是达到总数的96%。

图8　损毁中的乡土建筑

目前，杭州市及所辖各市、县已陆续公布了部分乡土建筑为保护的"历史建筑"，并于近年投入数千万资金进行修缮，取得了很好的保护效果。然而，更多的乡土建筑仍得不到必要的保护和抢修，正快速地消失（图8）。

二　保护原则

1964年5月，第二届历史古迹建筑师及技师国际会议在意大利威尼斯通过的《国际古迹保护与修复宪章》（即《威尼斯宪章》）明确指出："历史文物建筑的概念，不仅包含个别的建筑作品，而且包含能够见证某种文明、某种有意义的发展或某种历史事件的城市或乡村环境，这不仅适用于伟大的艺术品，也适用于由于时光流逝而获得文化意义的在过去比较不重要的作品。"[一]此后，国际古迹遗址理事会（ICOMOS）又通过《关于乡土建筑遗产的宪章》，联合国教科文组织先后把数十处历史村、镇列为世界文化遗产。在我国也有愈来愈多的古村落和其他乡土建筑被指定公布为保护对象，其价值得到科学认定，并受到法律的保护。

对于乡土建筑的保护，《关于乡土建筑遗产的宪章》提出的基本原则具有很强的指导意义，即：应尊重其文化价值和传统特色；需依靠维持和保存有典型特征的建筑群和村落来实现乡土性的保护；不仅包括建筑物、构筑物和空间的实体和物质形态，也包括使用和理解它们的方法，以及依附其上的传统和无形的联想；要依靠社区的参与和支持，依靠持续不断的使用和维护。这是一种全面的文化遗产保护理念和保护方法的体现。根据这些原则《宪章》进一步从乡土建筑的环境、体系、再利用、修缮、培训等方面阐述了实施保护的指导方针。提出"应尊重和维护场所的完整性、维护它与物质景观和文化景观的联系以及建筑和建筑之间的关系。"强调了传统建筑体系和工艺技术对乡土性的表现至关重要性，认为这些技术应该被保留、记录，并在教育和培训中传授给下一代的工匠和建造者。在材料方面，指出："为适应目前需要而做的合理改变应考虑到所引入的材料能保持整个建筑的表达、外观、质感和形式的一贯，以及建筑材料的一致。"为了适应使用者基本生活水平的改善而对乡土建筑进行的改造和再利用，《宪章》认为"应该尊重建筑的结构、性格和形式的完整性。在乡土形式不间断地连续使用的地方，存在于社会中的道德准则可以作为干预的手段。"显然这是一种人性化的保护观念。特别值得关注的是对于乡土

[一]　第二届历史古迹建筑师及技师国际会议通过《国际古迹保护与修复宪章》(1964)，定义——第一项。

13

建筑随着时间流逝而发生的一些改变，应作为重要特征得到肯定和理解，乡土建筑保护的目标，"并不是把一幢建筑的所有部分修复得像同一时期的产物。"这一点与《威尼斯宪章》提倡的"各时代加在一座文物建筑上的正当的东西都要尊重，因为修复的目的不是追求风格的统一"理念是完全一致的。

我国目前尚无专门的乡土建筑保护法规，但《中华人民共和国文物保护法》、《中华人民共和国城乡规划法》、《历史文化名城名镇名村保护条例》的部分条款有相应的规定，部分省市颁布了保护乡土建筑的相关的法规或条款。浙江乡土建筑的保护从注重建筑构造、艺术形式和较早期建筑转变为同时关注保护聚落形态、建筑环境及其蕴涵的文化价值的发掘，关注乡土建筑原生态的保护利用[一]。这一理念转型，体现在保护对象的遴选，保护方式运用等方面，即不再局限于仅仅保护那些时代较早的建筑或构造独特、艺术价值很高的建筑，还包括了聚落空间、传统风貌、历史环境以及依存于传统聚落的非物质遗产，还有那些蕴含较高历史文化价值的乡土建筑，诸如温州瓯海四联碓造纸作坊、江山三卿口制瓷作坊等。对乡土建筑的再利用也不仅是单纯的博物馆式的保护方式，那些伴随着乡土建筑、聚落形态而存在的有生命的文化内涵、氛围、环境已受到关注、认识，成为保护的重要对象，居民的参与也成为保护的重要方法和手段。兰溪诸葛村、长乐村的保护利用是最典型的案例。

在浙江根据不同民居的性质，实施相应的策略和措施：属于文物保护单位及文物保护点的乡土建筑，根据《中华人民共和国文物保护法》等法律法规中关于"不改变文物原状"的原则，由政府及其文物主管部门负责或指导实施保护工作；属于历史文化名城、街区、村镇的非文物保护单位的乡土建筑，根据《历史文化名城名镇名村保护条例》和《浙江省历史文化名城保护条例》的规定，由规划建设会同文物主管部门负责或委托实施保护工作。

几十年来浙江省抢救、保护了大批乡土建筑，并在利用方面进行了各种探索和实践。

三　保护历程和设想

（一）保护历程

1. 浙江省在上世纪60年代初公布首批省级文物保护单位时就已把传统民居建筑纳入保护名录，1989、1997、2005和2011年公布的第三、四、五、六批省级文物保护单位，更是把保护乡土建筑作为文物保护单位的重要内容，其数量分别占各批的15%、30.9%、41%和42%，比例逐批大幅上升，尤其是第五、六批省级文物保护单位的公布，乡土建筑都达到总数的40%以上。此外，从1991年开始，在各地广泛调查、推荐的基础上，先后公布了三批共计79处省级历史文化街区、村镇。显而易见，乡土建筑在浙江已成为文化遗产保护非常重要的内容。

2. 针对文化遗产保护面临的实际情况，浙江研究制定包括乡土建筑在内的文化遗产保护地方法规，出台保护政策措施：1999年7月省人大制定公布了《浙江省历史文化名城保护条例》，条例适用于包括历史街区、村、镇、建筑群等在内的历史文化保护区的保护管理工作，为乡土建筑保护提供了有力的法律保障。2005年修订颁布的《浙江省文物保护管理条例》，对在城镇房屋拆迁和危房改造等过程中，发现尚未登记公布的不可移动文物及其附属物时的处置办法进行了明确规定。2003年省政府出台的《关于进一步加强文物工作的意见》提出："因保护省级以上文物保护单位、历史文化保护区的需要，保护范围内农村居民适当外迁另建住宅新区的项目，按规定程序报批后可列为省重点工程，土地行政管理部门可另行解决农村居民外迁至新区住宅建设所需的安置用地，文物行政管理部门应指导帮助外迁居民做好原住宅的日常维护保养工作。"对于解决古村落内人口合理疏减所需安置用地问题有所突破。同年，省委办公厅、省政府办公厅下发《关于实施"千村示范、万村整治"工程的通知》，明确提出在实施该工程中要坚持"注意保护古树名木和名人故居、古建筑、古村落等历史文化遗迹"的基本原则。2006年省政府在《关于进一步加强文化遗产保护的意见》文件中明确提出："各地在新农村建设过程中，要切实加强对优秀乡土建筑和历史文化环境的保护，努力实现人文与生态环境的有机融合。"一些市、县（市、区）政府针对在新农村建设中加强文化遗产保护等问题，也下发了相关规范性文件，如杭州市出台了《关于加强历史文化遗产保护的实施意见》、嵊州市制定了《关于切实加强文化遗产保护的意见》、武义县颁发了《关于新农村建设中加强历史文化遗存保护的通知》。

3. 据初步统计，近10年来，浙江省级财政投入文物保护的专项补助经费累计已达八千余万，其中用于乡土建筑保护修缮经费四千多万，约占总数的一半强。此外，从2001年开始，省财政设立了浙江省历史文化名城保护专项资金，到2010年为止，共计安排了2400万元专项补助资金，其中用于省级历史文化村镇保护规划的编制及保护修缮经费占76.7%，有力推动了全省历史文化村镇保护工作的全面展开。省级财政的补助资金，有效引导了各级地方财政对文化遗产保护的投入。许多市县也设立了文化遗产保护专项资金，不断加大投入。在公共财政加大投入的同时，一些地方在多渠道融资、吸引社会资金积极参与乡土建筑保护方面也做了有益尝试。乌镇、南浔、西塘、安昌、诸葛等历史文化村镇和文物保护单位（图9），在保护的基础上积极探索保护与利用的有机结合，发展旅游事业，并取得了

15

[一] 杨新平："我国乡土建筑遗产保护及其转型"，见陆元鼎、杨新平主编《乡土建筑遗产的研究与保护》，同济大学出版社，2008年6月版。

良好的社会和经济效益。绍兴等地已建立起历史文化街区、村镇的修缮整治由政府、社会、个人按比例共同出资承担投入的机制，实现了遗产保护与当地居民生活条件改善的"双赢"（图10）。

4. 浙江积极探索乡土建筑保护有效途径，由于乡土建筑广泛分布在村落、城镇中，数量巨大，且产权大多为私有，客观上给保护工作带来许多不利因素。近年来浙江就如何做好乡土建筑保护工作进行了许多有益的探索和实践。

积极推进保护规划的编制，以此作为古镇、古村落等乡土建筑保护管理的依据。2002年省建设厅、省文物局针对历史文化名城、历史文化村镇保护规划编制工作，制定颁布了《浙江省历史文化名城保护规划编制要求》，该《要求》的出台，推动了历史文化村镇保护规划编制工作规范的开展，经过多年的努力，已公布的省级历史文化村镇保护规划大多已编制完成；对属于文物保护单位的古村落等民居建筑，也大多编制了文物保护规划。保护规划的编制，能有效地指导

乡土建筑及其历史环境的保护，在此基础上进一步制订修缮设计方案，并合理、适度地再利用。

鼓励社会及居民参与乡土建筑保护，改变以往只是政府职能部门保护的单一模式。要想真正做好民居建筑遗产保护工作，没有社会的支持、百姓的参与显然是不可能做到的。一方面重视业余文保员队伍建设，全省各市、县发展了大批本乡本土的业余文保员，他们在民居建筑遗产保护工作中起了重要的作用。另一方面是民间自发的保护行为，大大延伸了民居建筑的保护范围和作用，如东阳市古民居保护协会，将保护城乡明清木雕古建筑视为己任。东阳蔡宅村老年协会筹集六十多万资金保护修缮了蔡氏宗祠、德润堂、元盛堂等十多处民居建筑。这类民间自发的保护活动在我省普遍存在。

（二）保护设想

浙江省地处东南沿海，在城市化、工业化迅速发展的同时，也给文化遗产带来巨大的冲击，乡土建筑面临着人为破坏和自然损毁的双重威胁；现行法律法规及政策未能

图9　嘉善西塘

图10　绍兴仓桥直街水巷

有效地关照乡土建筑的保护；保护资金不足、管理力量薄弱、专业人才匮乏、保护观念和技术手段相对滞后等问题依然存在。对于这些问题，本文提出若干保护设想：

1. 有针对性地制定乡土建筑保护专门法规、政策。开展研究乡土建筑保护中涉及的相关土地、资金、产权及再利用中适度提升必要的相关设施等问题，确保大量的乡土建筑保护的可行性和可利用性。积极借鉴国际先进的保护理念，关注传统聚落的保护问题。借鉴并引入更有利于广泛的乡土建筑保护的登录制度。

2. 以资源调查评估为基础，对民居建筑保护实施分类指导。在全国第三次文物普查的基础上，建立和完善乡土建筑价值评估体系，遴选出一批价值较高的乡土建筑，依法公布为各级文物保护单位、文物保护点或历史文化村镇、历史建筑。对尚未列入保护名录的、但有一定历史文化价值的乡土建筑，也应积极探索保护的各种方法和利用模式。

3. 在加大政府投入力度的同时，积极拓展多元的资金来源渠道。在努力增加政府公共财政投入的同时，要积极拓展民间等多元资金来源渠道。

4. 寻求公众对乡土建筑保护的理解、支持和参与，要对社区居民进一步加大宣传、沟通的力度。要让遗产价值为广大利益相关者所认同和分享，进而增强居民对乡土遗产的尊重和保护意识，要提高公众保护历史文化遗产的法律意识，使依法保护文化遗产普遍成为居民的自觉行动，要通过制定和实施村规民约，建立居民自我管理机制。在相关政策的制定过程中，要充分考虑居民等的利益，在政策、资金方面给予的扶持，加强乡村基础设施建设和环境整治，努力提高居住者的生活质量，充分发挥居民在乡土建筑保护中的积极作用。

四　乡土建筑再利用的实践

（一）古村落的综合保护利用

浙江各地有不少古镇、古村落民居保护利用的案例，有成功的，也有问题较多的。应不断在实践中总结、探索中前行。这里以兰溪诸葛村为例：

诸葛村位于浙江省西部兰溪市，是一个以血缘宗族聚居的古村落（图11），村中有诸葛氏后裔一千多户，三千多人，古村落面积约一平方公里。十多年来，诸葛村在专家指导和政府的重视下，坚持"保护为主、抢

图11　兰溪诸葛村

救第一、合理利用、加强管理"的文物保护方针，做了大量的保护工作，同时利用丰富的民居建筑资源和深厚的人文内涵，发展旅游业等第三产业，集体经济不断壮大，古村落焕发了勃勃生机，2005年被浙江省人民政府命名为全面小康示范村，同时，它的保护利用模式受到国家文物局的充分肯定。古村落保护和发展利用进入了良性循环的轨道。

　　诸葛村对祖先留下的文化遗产保护源自村民的自发行为。上世纪80年代初以来诸葛姓村民根据各自的房派自筹资金，抢修了尚礼堂、崇信堂、花园厅、雍睦堂等多处厅堂。村委会也给予各厅堂补助了部分资金，各厅房派还自行组织进行管理。随后在村委会的组织下对年久失修的诸葛大公堂（图12）进行了抢修。90年代初清华大学建筑学

院陈志华教授一行赴诸葛村调查，认为诸葛村是中国南方乡土建筑文化极具代表性的古村落。呼吁政府采取措施加强保护抢救，引起了兰溪市政府的重视，着手对诸葛村进行一系列的保护工作。1992年，市政府将诸葛村公布为兰溪市历史文化名村、市级文物保护单位；成立由市政府、文化局、镇、村干部组成的"诸葛村文物保护领导小组"。1993年全国第七次诸葛亮学术研讨会在诸葛村召开，会议形成了诸葛村是全国诸葛亮后裔的最大聚居地的共识，诸葛亮文化的发掘为诸葛村日后旅游开发奠定了基础。1994年诸葛村成立"诸葛文物旅游管理处"，尝试对外旅游开放。1996年12月，诸葛村民居被国务院公布为全国重点文物保护单位。1997年兰溪市文化局在诸葛村设立"诸葛文物

保护管理所"，并在村委会的配合下开始对诸葛村的古建筑进行调查、统计、编制档案、制订保护措施。同年清华大学建筑学院编制了《诸葛村保护规划》（初稿），规划提出整体保护的思路，国家及省有关专家、部门对该规划进行了论证，提出修改完善意见。

经过几年探索，村干部和村民逐渐意识到保护诸葛村文物的重要性和它所产生旅游价值，市里确定诸葛村管委会负责古村的保护与旅游发展，此后诸葛村的保护和发展进入到一个新的阶段。

十多年来诸葛村在政府和文物部门的扶持下，通过银行借贷、民间筹款、门票收入和集体资金，共投入近4000万元用于古民居保护和旅游基础配套设施建设，主要包括：

抢修古民居3万多平方米。其中厅堂七座，民居五十多幢，计二百多间。这些房屋现多数已作为景点参观或成为旅游购物商店，部分为村民或在诸葛村经商户居住。

对古村落进行综合性整治。清理村内所有水塘污泥，引活水进村，进行自来水改造，分步实施村内三线地埋，铺设污水管道，将村内的一百多个露天粪缸全部拆除，新建环保型公厕12座。

改造道路。自1998年起对村中的水泥路和各条古巷的水泥路面进行了修复，恢复了历史风貌。对破损的旧路进行逐步整修。

改造拆除现代建筑。对古村落内的部分新建筑，根据不同结构，给予拆除或进行改造，还有部分新建筑待资金充裕后再逐步拆除。

规划新区。在村外开辟了一块新居民区，让部分缺房户在新区内建房，以缓解古村内村民建房难的矛盾，现已有26户村民迁入新区居住。

恢复了上塘古商业街。上塘古商业街始建于清代中期，鼎盛于清晚期，1958年大跃进时

图12　兰溪诸葛大公堂

期上塘被填平，并在上面盖起了供销社大楼和信用社、邮电所、兽医站等建筑，2001年村里投资一千多万元对上塘古商业街进行了修复，拆除六千七百多平方米新建筑，重新挖出上塘，恢复了古商业街的旧日风貌。

重视民俗文化的抢救工作。恢复每年农历四月十四和八月二十八的传统祭祖活动和元宵的板凳龙灯会。以诸葛亮及其后裔深厚的文化底蕴为载体，进行展示和宣传，使传统文化得以传承和利用。

对古树名木进行挂牌保护，并种植了大量的本地树木，绿化村落景观。

（二）历史名人故居的保护展示利用

浙江历史悠久，人文荟萃，名人辈出。据统计，二十四史列传中，浙江省的人才在西汉时位居全国第12位，东汉、唐居第9位，北宋居第8位，南宋、明居第1位，清代进士人数居第2位。一大批政治家、思想家、科学家、文学家、艺术家以其辉煌的成就，为中华民族做出了杰出的贡献。他们的故居、旧居留存下来数量可观，目前，仅列入全国重点和省级文物保护单位的名人故（旧）居已达三十余处（图13）。这些故（旧）居以其丰富的历史信息、人文内涵和民族精神，已成为宝贵的文化遗产。这里以王阳明故居为例：

王守仁（1472～1528年），字伯安，号阳明，余姚人。明代著名的思想家、哲学家和军事家。陆王心学之集大成者，精通儒家、佛家、道家，并能统军征战，是我国历史上罕见的全能大儒。在日本、朝鲜半岛以及东南亚国家都有重要而深远的影响。王守仁故居在余姚城区武胜门路西侧，建筑群坐北朝南，主要建筑在中轴线上，依次有门厅、仪门（轿厅）、正厅（寿山堂）、主楼（瑞云楼）、后罩屋（图14、图15），此外，还有侧厢、附属用房等，占地约5000平方米。2006年5月王守仁故居及位于绍兴的墓被国务院公布为全国重点文物保护单位。

过去王守仁故居一直为众多居民居住的杂院，违章乱建、搭建现象严重。上世纪80年代末以来地方政府重建瑞云楼、修缮了正厅等部分建筑，但大多数建筑仍年久失修，损坏比较严重，如大木结构梁架部分倾斜、柱子糟朽、许多构建残损，门窗缺失严重，部分墙体损毁或损坏，屋面漏雨、瓦件残破，地面多被改为水泥地等等。2005年余姚市文物主管部门委托设计单位研究编制的全面的修缮方案，从院落、地坪，木构架，墙体、屋面及附属工程等方面进行大修，恢复了故居的历史面貌。经布展陈列，故居正式对外开放，发挥了较好的社会效益。

（三）迁移集中使用

对于不可移动文物的迁移问题，我国的

图13　绍兴秋瑾故居

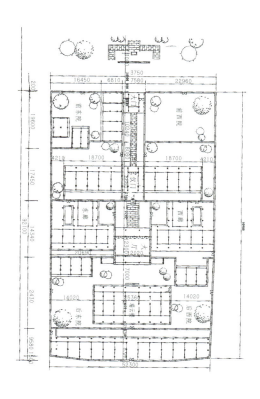

图14　余姚王守仁故居总平面图（1：300）

图15　余姚王守仁故居

文物保护法规明确规定应尽可能原址保护，《中国文物古迹保护准则》在其保护原则中指出"必须原址保护，只有在发生不可抗拒的自然灾害或因国家重大建设工程的需要，使迁移保护成为唯一有效的手段时，才可以原状迁移，易地保护。"[一]这一保护理念的提出，是基于对文化遗产价值认识的深化和进步，因为物质遗产的价值不仅仅体现在物的本身，还包括其生存的环境以及与之密切相关的传统文化，诸如中国传统文化中风水观念，就深深影响着大到城镇、小到村落甚至建筑群的选址，以及朝向、形制等方面。因此，保护遗产的历史环境已成为今天国际文化遗产保护领域的共识，这已具体体现在2005年国际古迹遗址理事会通过的《关于古建筑、古遗址和历史区域周边环境的保护——西安宣言》中。

目前乡土建筑的迁移，大体是因为乡土建筑的历史环境已荡然无存，在原址已无法继续保存；或因国家重要项目建设，被迫迁移，这类迁移应当是一种实属无奈的抢救措施，在某种意义上具有一定的积

[一] 国际古迹遗址理事会中国国家委员会制定，国家文物局颁布（2005）《中国文物古迹保护准则》第十八条。

21

极作用，虽然乡土建筑生存的历史环境等价值已丧失，但乡土建筑的本体得以留存；然而，在现实中也确实存在一些为经济利益驱动的迁移搬迁行为，反映出他们对文化遗产价值认识的片面，缺乏正确的保护观念。

浙江龙游县留存了大量的乡土建筑，许多建筑年久失修或倒塌，还有一些建筑亟待抢修，同时居民又急切改善居住条件，由于政府财力极其有限，根本无法采取大规模修缮。

根据当时相关政策法规，上世纪80年代后期开始，龙游县进行了办理乡土建筑的集中搬迁尝试，把乡间不属于文物保护单位的十多组乡土建筑陆续搬迁至县城附近的鸡鸣山，规划建设为民居苑（图16），其中包括居住建筑、宗祠、石亭等，并建设一些旅游配套设施，已对外开放。此外，在民间也有一些民居搬迁工程，作为旅游开发项目对外开放，如东阳横店、临安八百里养生文化园等。

图16　龙游鸡鸣山民居苑

【武夷山摩崖石刻现状实录技术研究】

汤众　戴仕炳·同济大学建筑与城市规划学院

摘　要：摩崖石刻是武夷山文化遗产的重要组成部分，为了保护摩崖石刻并对其进行科学有效的管理，首先就是要对分散在全山各处的摩崖石刻现状进行调查和记录，需要研究如何应用现代信息技术针对摩崖石刻这样特殊的文化遗产进行现状信息的采集、存储、分析、管理和表现。其中GPS全球定位系统、数码微距摄影、激光三维扫描针对摩崖石刻都有特定应用方法和要求，同时石刻文字内容还包含有大量历史文化信息，这些都需要研究建立一个基于数字化信息技术的武夷山文化遗产监测管理系统。

关键词：摩崖石刻　现状实录　信息技术

23

一　项目背景

武夷山遗产地处中国福建省西北部，地理坐标为：北纬27°32′36″～27°55′15″，东经117°24′12″～118°02′50″，总面积99975ha。武夷山摩崖石刻作为武夷山文化遗产的重要组成部分，逞秀于千崖万壑之间，凿刻于溪礁洲石之上。据旧志记载，最早在山中题刻留名的是东晋的郭璞，从此留下题谶石的景名，距今已有一千七百多年的历史。此后，代代相继，题刻不辍，至今尚可辨析的有近四百幅（不含坊刻、碑刻），主要分布于九曲溪沿岸及云窝、天游峰、大王峰、一线天、水帘洞、桃源洞等景点。

武夷山摩崖石刻分布地点按景区分成五个集中地：九曲溪景区、武夷宫景区、云窝天游景区、溪南景区和山北景区。九曲溪景区有摩崖石刻121幅，主要集中在四曲溪北（题诗岩、希真岩、金谷岩、平林渡口）、六曲溪南之响声岩、大藏峰和二曲溪南勒马岩。武夷宫景区有七十余幅，主要分布在水光石、大王峰等处。云窝天游景区共有一百二十余幅，分布于云窝、茶洞、隐屏峰、天游峰、小桃源等处，尤以云窝的伏虎岩、天游的胡麻涧相对集中。溪南景区包括虎啸岩、一线天、楼阁岩、蓝岩等景点，有摩崖石刻近五十幅，以灵岩、楼阁岩和蓝岩为主要集中处。山北景区包括水帘洞、杜辖岩、天心宗教线路、九龙窠茶文化线路和莲花峰宗教旅游线路，共有石刻六十余幅，其中古代石刻以水帘洞为主，天心、九龙窠、莲花峰三条旅游线路有二十余方为当代刻石（图1、图2）。

图1　武夷山晒布岩全景

图2　伏虎岩石刻

为了保护摩崖石刻并对其进行科学有效的管理，首先就是要对分散在全山各处的摩崖石刻现状进行调查和记录，需要研究如何应用现代信息技术针对摩崖石刻这样特殊的文化遗产进行现状信息的采集、存储、分析、管理和表现。为保护和展示摩崖石刻，管理部门以油漆描绘石刻字体，但在当地复杂气候地理环境中，普通油漆并不能很好地达到保护和展示目的，不透气和变色脱落都对石刻产生不良影响，需要通过实验分析研究，寻找合适的描字材料技术。2010年7月，同济大学建筑与城市规划学院历史建筑保护技术实验室接受武夷山风景名胜区管理委员会委托对摩崖石刻现状实录技术及描绘材料技术、历史描字材料类型及其颜色进行研究。

二　摩崖石刻信息内容构成

摩崖石刻是在天然岩石上刻出的文字或图案。对于这样的文化遗产那些关键信息是能够客观科学记录其状态的是需要仔细分析的。以下按照基本信息和动态（现状）信息分别进行整理。

（一）基本信息

基本信息是指摩崖石刻最基本不变的相关信息，包括石刻的内容、作者、时间、位置、大小等相关信息。

1. 石刻内容

武夷山摩崖石刻基本都是汉字，因此其文字内容能够以文本信息进行记录和表述。由于有些石刻文字历史久远，有很多繁异体字和古汉字，需要在文字录入计算机时采用大字库集。石刻文字通常是古汉语，文字内容的含义还需要进行注释，也包括文字产生的背景或典故。有些生僻的字还需要注音。

2. 石刻作者

古人在镌刻时往往会留有落款注明题刻的作者，有时候同一幅石刻还会有不止一位作者。在武夷山留下题刻的有一些是当时的名人，因此有必要考证一下作者的生平以及题刻时的人生状况。

3.镌刻时间

有些题刻的落款还会注明题刻的时间。没有注明时间的石刻有些也能通过作者生平推算出大致的时期。不过题刻时间很难精确成标准的公元纪年用年月日来表示，因此需建立模糊表述和精确时间对应的数据库表作为数据排序和查询的基础。

4.镌刻位置

武夷山摩崖石刻分布于武夷山各处，需要确定具体石刻的确切位置。地理经纬度和海拔高度是比较科学确定石刻位置的一种方法。但是这种经纬度和海拔数据很抽象，还需要更为方便易于理解的方式对其进行定位。

类似城市中按照城区和街道的方式，武夷山摩崖石刻也可以按照"景区"→"景点"→"镌刻处"这样的方式分级定位。因为作为历史悠久的著名旅游名胜，其景区景点的范围和位置已经非常确定，有很好的可达性。镌刻处为山体的某角落或某块岩石，如果在此处还镌刻有多幅，还需要更具体用上下左右进行细分和描述，而距离附近地面（或水面）的高度有时往往比海拔高度更有意义。

石刻的朝向关系到其所受自然环境影响。例如日照、风雨、苔藓等，对于了解石刻环境状态都很有意义，需要专门加以记录。

5.石刻大小

武夷山石刻文字大小各异，最大的是明嘉靖二十九年（1550年）镌于二曲溪南的勒马岩上的谢上箴题刻"镜台"二字。每个都是宽3米高5米；而清光绪二十七年（1901年）镌于天游峰胡麻涧西壁的丁文瑾题刻的"曾经沧海难为水"中最小的落款文字只有3厘米见方。同一幅石刻中正文和落款的字也大小不同。一幅石刻大小文字的数量和总体幅面的宽度和高度表现了石刻的规模，也需要加以测量和记录（图3）。

图3 谢上箴题刻"镜台"

（二）动态（现状）信息

武夷山摩崖石刻虽然是刻在岩石之上，但是武夷山属于典型的丹霞地貌，岩石主要是由沙砾岩构成，胶结物为碳酸盐及黏土，性脆，硬度小，用铁器易划出擦痕。经过现场勘察，部分石刻受损严重，部分文字已经完全风化，不能研读识别。局部石刻表面已经发生严重的起壳脱落，并伴有开裂、渗水现象。苔藓的附生和乔木类植物根系也对题刻造成了影响及破坏。为了保护和展示石刻内容，管理部门还以油漆进行描绘，但油漆也有变色和脱落。这些现状都是动态的，表现为色彩、纹理和三维几何形状，会随着周围环境和保护措施而发生改变。

1. 色彩纹理

石刻的色彩纹理除了岩石本身构成材质的颜色和纹理，还有描绘字体的油漆、受潮产生的水渍、附生植物以及凹凸文字的阴影变化。此类色彩纹理信息很难以文本方式进行描述，需要以图像信

图4　GPS采集地理信息

息加以记录。由于其色彩纹理会发生改变，因此图像需要注明采集的时间。

2. 三维几何形状

武夷山摩崖石刻阴刻和阳刻都有而且并非镌刻在平整的石碑之上。石刻往往会顺着所在岩石表面的凹凸起伏而顺势变化，特别是较大规模的石刻左右或上下两侧的字互相会成比较大的角度。

石刻在自然岩石表面会随着岩石的风化而逐渐模糊，也就是石刻字体的边缘高差会变小变得平坦，而这种局部微小的三维几何形状的现状是保护石刻的非常关键的信息。这些三维几何形状信息也会随着时间改变，

因此也需要注明采集的时间。

三　现状信息采集技术

在整理的武夷山摩崖石刻现状信息中，有些基本信息大都是以文字或数值的形式通过现场调研和文献研究获得。但其中石刻位置的经纬度信息、色彩纹理的图像信息和三维几何形状信息需要借助现代数字化信息技术加以采集。

（一）位置信息采集

武夷山摩崖石刻位置信息中地理经度、纬度和海拔高程数据的采集可以借助全球定位系统（Globe Position System，GPS）进行采集。GPS目前主要应用于导航，GPS通过卫星可以大致确定具体地点的经度、纬度和海拔高程（图4）。

通常的手持GPS设备定位精度在10米左右，由于摩崖石刻的位置主要用于在地图上进行标注和实地考察定位，其精度可以在10米左右。在1∶5000的地图上，10米为2毫米，而通常标注符号的大小也要有2毫米甚至更大。而在实地考查定位中，结合"景区"→"景点"→"镌刻处"这样的方式分级定位，再根据具体上下左右细分描述和朝向，在10米以内进行搜索是很容易的。在10米范围之内很可能会有多幅石刻，这些石刻会有相同的GPS数据，这时就需要根据石刻文字内容加以区别，石刻的图像也能够帮助确定具体石刻的位置。

（二）图像信息采集

采集摩崖石刻的色彩纹理图像信息需要

使用数码摄影技术。与普通的旅游拍照不同，采集摩崖石刻的色彩纹理图像信息需要较为专业的拍摄方法。

不同光线条件下数码照相机采集到的图像色彩是不同的，为了较为客观准确采集石刻的色彩，需要相对稳定统一的照明光线。理想状态是在晴天日出3小时以后至日落3小时之前这段时间，照射在石刻表面的光线的高度角和水平角都在45度左右。根据GPS经纬度和朝向是可以预先推算出石刻的日照条件的。

准确的曝光才能保证采集的色彩准确。数码相机内置的测光系统是测量被摄物体表面反射光线强度来确定曝光参数的，其设计的标准是按照17%的灰色，但石刻所在岩石颜色深浅不一，完全依靠相机的自动测光就会使深色的石刻曝光过度而浅色的又曝光不足。如果不具备测量入射光线的外置专业测光表，可以先让相机对同样环境照明条件下的17%灰色卡纸进行测光，记录下曝光参数，然后手动调整相机进行拍摄。

白平衡是在日常旅游拍照中容易忽视的。对于同一个对象，用数码相机拍摄的照片在不同色温的光照条件下所呈现的色彩是不同的。为了能够让色彩与现场接近，在拍摄石刻的时候一定要注意调整数码相机的白平衡使其与现场光线的色温一致。

数码图像是由像素构成的，要达到一定的图像精度就需要图像有足够的像素数量。武夷山摩崖石刻的大小是不同的，有的大至数米，有的只有几厘米，因此每一幅石刻图像的像素数量是不同的，需要根据需要记录的对象内容加以确定。

石刻字体往往也是书法作品，与印刷字体不同的是其有丰富的笔迹变化，因此要根据石刻文字的笔迹变化来确定图像精度，保证笔画中最小的变化能够有足够的像素记录下来。通常要保证每一个字长宽方向都不少于50个像素（图5）。

如果需要记录的是石刻的一些病害状态，就需要更高精度的微距摄影。当采用专业的能够达到1∶1的微距镜头，理论上能够记录0.01毫米以下的微小变化。

摩崖石刻最好要能够采用标准镜头在石刻正对中心位置拍摄，这样可以最大限度地保证没有透视变形。但

图5 图像信息采集

是石刻现场所处位置有时候并不能够找到合适的拍摄位置，当石刻位置较高的时候就难免要抬起相机镜头，这样必然就会造成透视变形使石刻在图像中下部比上部大。采用移轴的镜头可以在保证相机感光面与石刻表面平行的情况下调整图像位置。采用长焦距的镜头在较远处拍摄也可以改善透视变形。当然后期通过图像处理软件在一定程度上也可以矫正透视变形，但需要在画面中放置正方形参照物。

要保证图像清晰需要稳定的相机支撑。较小的镜头光圈可以保证有足够的景深且使用镜头锐度较高和成像较好的光圈值（通常是F8.0～11.0），较低的感光度（ISO200）可以尽量减少画面中的噪点，这样就很可能曝光速度较慢而低于所谓安全快门速度（即镜头焦距值的倒数），需要将相机固定在稳固的三脚架上拍摄。预升单反相机的反光镜和使用快门线遥控快门都能够进一步降低机身抖动，从而提高图像清晰度。

数码相机中的RAW格式是没有压缩或无损压缩的图像格式，能够最大程度完整记录被摄对象的色彩纹理变化，后期处理中也有更多的调整余地。

数码照片都包含有EXIF属性信息，里面记录拍摄时的众多状态参数：拍摄时间、图像大小、相机与镜头型号、曝光参数等。有的相机有内置或可以外接GPS设备，在EXIF中还会记录地理经纬度数据。需要注意的是相机内的日期时间设置要准确。

（三）几何信息采集

激光三维扫描是比较理想地采集摩崖石刻三维几何信息的技术。激光三维扫描获得的点云可以记录摩崖石刻所在岩石不规则的三维形状还可以记录石刻文字细微的凹凸变化。

目前激光三维扫描只是可以记录岩石表面简单的色彩变化，随着激光三维扫描设备进步，其采集的色彩将更为准确和丰富。激光三维扫描色彩采集要求与摄影要求相差不多，由于对于较大的扫描范围采用的是多图拼接的方式，可以逐步调整曝光时间以使图像明暗基本一致（图6）。

被扫描物体表面对激光的反射率也可以转换成点云的色彩，由于被潮湿浸渍的岩石表面激光反射率要低于干燥的部分，因此激光三维扫描还可以辅助分析石刻的病害状态。

点云类似数码摄影的像素，其精度也是由点的密集程度确定的。激光三维扫描仪以确定一定半径球体表面点距的方式来设置扫描精度。在扫描石刻时，球体半径就是扫描

图6　激光三维扫描

仪至石刻的距离，而点距的确定也与图像采集类似，通常要保证每一个字长宽方向都不少于50个点。

由于扫描获得的点云是三维的，所以在后期处理的时候可以十分方便地去除透视效果并找到正对中心的位置来观察石刻点云图像，这还可以辅助矫正用数码相机采集的图像透视变形。

扫描获得的石刻的点云是可以测量其中任何两点之间的距离的，因此文字的每一个笔画细节的大小都可以进行定量的测量。而石刻深度的数据可以在记录下来之后与一定时期以后再次扫描的数据进行比较，这样就可以监测石刻的变化程度，从而可能有预见性地提出保护措施。

激光三维扫描技术目前还没有统一的数据标准，不同厂家生产的设备采集的数据是不同的，甚至同厂家不同型号设备和不同版本软件采集的数据都不兼容。因此在保存点云数据时还要同时记录使用的扫描设备和软件。

四　信息综合管理

经过以上的整理，每一幅石刻所需要记录的信息条目有数十项，数据类型也有文本、数值、时间、图像、点云，因此有必要建立数据库对这些信息进行综合管理。

全山四百余幅石刻上万条数据的存储对于现代的计算机数据库技术并不是很复杂的事，其数据库规模是相当小的，但是对于使用和检索这些数据的管理和研究人员就需要建立比较方便的检索查询方法，可以最快获得需要数据。

根据武夷山摩崖石刻的特点，数据的检索将分为两种方式：基于文本关键词的查询和基于地理位置的查询。

（一）基于文本关键词查询

百度或谷歌搜索，通过键入关键词就可以获得相关的信息，这就是基于文本关键词的检索。针对武夷山摩崖石刻还可以更为细致地分类输入关键词进行检索，以提高检索效率。通常检索条目不需要非常多，选取上述各项信息条目中关键性的条目作为检索条件，其他则作为检索结果显示。

"景区"、"景点"、"朝代"、"内容"、"作者"这些条目是各项中最为关键的。通过输入其中任一项关键词就可以精确检索到符合条件的石刻，也可以同时输入多个检索条件检索到同时符合这些条件的石刻。

理位置在地图上进行点击以检索石刻。

　　首先在武夷山景区总体地图上点击选取景区，这时地图便切换到放大后的景区地图。在景区地图上会标注有景区内的各个景点，点击选取景点后地图会切换到放大后的景点地图。景点地图上就会根据之前的GPS数据标定的石刻镌刻处。点击景点地图上的石刻镌刻处就可以查询到在此处镌刻的所有石刻。例如在夷山景区总体地图上点击选取"九曲溪"景区，在九曲溪景区点击"二曲"景点，就可以发现在"勒马岩"有石刻被标示出来，而点击石刻标识则最终可检索到谢上箴题刻"镜台"及其落款（图7）。

图7　基于地理位置检索

其中除了"内容"和"作者"两栏需要键入文字，其他各项都可以采用下拉选取的方式。例如在"景区"一栏中下拉选取 "九曲溪"，在"朝代"一栏中下拉选取 "宋朝"则所有在九曲溪景区的宋代石刻都会被检索出来，如果再在"作者"一栏键入"朱熹"则可以检索出在九曲溪景区的宋代石刻中朱熹的题刻。

　　（二）基于地理位置查询

　　基于文本关键词检索是基于对武夷山摩崖石刻有一定了解的人员在掌握关键词以后精确检索。但有时只是想了解某一地点有哪些石刻或想了解石刻的分布状态，这就需要基于地

五　结　语

　　武夷山摩崖石刻只是中国众多摩崖石刻的一小部分，在中国各个名山大川都会看见有古代的各种石刻，除了有文字的还会有图案，这些都是中国文化遗产，需要应用现代信息技术加以整理和保护。建立起这样的数据库并完善其内容，就可以通过国际互联网让更多的人了解这些文化遗产，从而能够更好地保护好这些文化遗产。

参考文献

[一]　汤众：《历史文化名城的数字化生存》，[J]，
　　　　《时代建筑》2000年第3期。

[二]　董天工：《武夷山志》[M]，方志出版社，
　　　　2004年5月版。

[三]　朱平安：《武夷山摩崖石刻与武夷文化研究》，
　　　　[M]，厦门大学出版社，2008年版。

【广州传统宗教信仰场所与城市形态研究中的GIS应用探索】

何韶颖·广东工业大学建筑与城市规划学院

汤众·同济大学建筑与城市规划学院

摘 要：城市精神信仰场所承担着维护社会关系的功能，其选址、规模、与周边社区的关系，乃至其使用方式、兴衰演变等都反映了城市内部深层的社会现实，并影响着城市空间形态的发展。研究为传统精神信仰场所及其周边历史街区的认知和评估提供有力的依据，为传统精神信仰场所在当代转型中的分析与应对等工作提供理论的参考，为塑造现代城市精神空间提供借鉴。本文尝试在研究广州传统宗教信仰场所和城市形态的关系如何应用GIS来辅助，为保护历史文化城市提供帮助。

关键词：GIS 城市形态 精神信仰 场所

一 城市形态与城市精神信仰场所

城市形态是指一个城市的全面实体组成，或实体环境以及各类活动的空间结构和形成。作为一个多学科综合的研究方向，城市形态研究主要关注各种作用力下城市的物质构成特征及其演变机制。作为认知城市物质形态及人文内涵的有效理论工具，城市形态研究可为城市的历史保护和发展提供基本决策依据。

城市精神信仰场所，是指城市中为了满足人们精神信仰生活的需要所设立的相应活动场所，包括各类制度性宗教场所，以及各类民间信仰场所。这些众多的精神信仰场所，承担着维护社会关系的功能，从家庭祈福、社区护佑、行业保护、到维持社会道德秩序等，面面俱到。它们的选址、规模、与周边社区的关系，乃至其使用方式、兴衰演变等都反映了城市内部深层的社会现实，并影响着城市空间形态的发展。

将精神信仰场所放在城市形态架构中认识，可以透彻理解城市形态发展的综合动力因素。广州地处百越杂处的岭南地区，不但民间精神信仰繁多，佛教等外来宗教也率先在此扎下根基并进而向中原扩展，因而不同历史时期都遗留了众多宗教信仰场所。这些场所是广州社会生活的重要载体，在各个层面上对广州城市形态及城市生活产生深远影响。

因此，如果能够通过考察广州传统宗教信仰场所自身的空间形态及其隐含的人文内涵，揭示其在城市社会生活中所承担的多功能作用，展示其与城市形态的关系模式，以加强对城市形态的全面认识，为城市历史街区的认知和评估提供有力的参考和借鉴；就可以在此基础上，探讨如何更好地保护这些传统宗教信仰场所。

这样的研究将主要包括：分析研究城市精神信仰场所普遍存在状况，包括精神信仰场所的分类与界定，及其在城市中广泛存在的原因等；对城市精神信仰场所的物质空间形态特征及人文内涵进行认知、挖掘和分析，主要研究广州传统宗教信仰场所的选址特征、历史演变、内部空间形态特征、及其与社区空间形态的关系等；揭示传统精神信仰场所在城市生活中的功用与意义，主要研究广州传统宗教信仰场所的多功能使用及其当代意义等。

通过这样的研究希望能有助于全面认识城市形态，为传统精神信仰场所及其周边历史街区的认知和评估提供有力的依据。此外，研究成果还可以为传统精神信仰场所在当代转型中的分析与应对等工作提供理论的参考，为塑造现代城市精神空间提供借鉴。

二　城市形态与城市精神信仰场所研究关键属性信息

在现代城市规划与设计中，GIS的应用正逐渐成熟和普及。而在城市形态研究与城市历史保护中，如何应用GIS尚处于探索阶段。利用GIS技术，可以对城市历史形态的各类信息进行采集挖掘、分析处理、存储、管理，并可通过网络公开发布发表让公众了解和评判。同时，数字化的城市历史信息可以大量复制、传播并能以多种形式保存和发布，还可用于历史街区建筑风貌的管理与监测，从而使城市形态的研究更为科学和高效，为城市的历史保护工作提供现代技术支持。以下将以广州的传统宗教信仰场所与城市形态的研究为例，探讨如何应用现有的信息技术，构建一个较为完整的广州传统宗教信仰场所GIS综合信息数据库，为广州的传统宗教信仰场所与城市形态的研究提供帮助，也为城市历史街区和历史场所的保护提供必要的依据。

城市精神信仰场所由于历史悠久又具有深厚文化内涵，因此包含着大量的信息，也正是这些信息的存续使得这些场所至今依然具有很高的综合价值。不过这些信息十分繁复，首先需要在分析广州传统宗教信仰场所与城市形态的研究的需求之后选择确定关键的属性信息来建立数据库。

以下将分别梳理一下在广州传统宗教信仰场所和城市形态中必要的关键属性信息以及这些信息的数位化形式和获取方式。

（一）广州传统宗教信仰场所中的关键属性信息

广州传统宗教信仰场所纷繁复杂，包含大量信息，需要按照一定的分类方式进行整理，在本研究中大致将其划分为三大类：原始的基础信息、与其相关的事件信息及如今的现实状态信息。

1. 基础信息

广州传统宗教信仰场所的基础信息是指其最为基本的一些资料，包括信仰、场所及其这些场所的时空信息等。

（1）信仰名称

广州传统宗教信仰场所丰富。除了各类制度性宗教场所还包括各类民间信仰场所。信仰名称在数据库中需要单独建表，因为除了道教、佛教等制度性宗教，还有很多信仰名称要以其崇拜或祭祀的神灵来命名，例如土地、城隍、财神、妈祖等等。这些信仰名称很难一次确立完善，需要有多次添加更新的可能。

（2）信仰功能

各种信仰在城市生活中有其特定功能，如生活祈福、社区护佑、行业保护等。不同功能的信仰其场所在城市中的分布有其特点并影响着城市形态。信仰功能在数据库中也需要单独建表，以便于多次添加更新，而且要厘清并建立其与信仰名称多对多的关系。

（3）祭祀种类

祭祀种类主要有官祀与民祀。官祀场所无论在规模还是影响力方面都会与民祀有重大区别，其影响城市形态的方式和程度也有所不同。

（4）场所名称

广州传统宗教信仰场所因为时代跨度大，同一场所的名称可能会发生变化，同一名称的场所，也可能发生迁移。场所名称的变化，通常蕴藏了丰富的历史信息，从而也影响着城市形态。

要使场所名称在时间和空间两个维度上进行定位与区别。也就是说要具体确定某一场所必须加以时间和空间的限定：某时期位于某处的某场所。

（5）场所的基本时间信息

广州的传统宗教信仰场所在不同历史时期都发生着变化。各时期宗教信仰场所的修建或荒废情况，能间接反映该时期的社会经济状况、宗教管理政策等，对于研究城市形态是有意义的。与场所相关的时间信息有很多，对于特定的场所初创和湮灭时间是最基本的时间信息，这两个时间之间便是该场所的存续时期。

对于具体的历史时间还需要另外建立一个公元纪年与中国朝代年号

干支对应的一个表，因为很多时候传统宗教信仰场所的基本时间在相关文献里是以中国朝代年号干支来表述的，甚至只是一个模糊的时间阶段，例如乾隆年间（1735～1796年）、"文革"时期等。

（6）场所的基本空间信息

宗教信仰场所的选址，能反映城市内部深层的社会现实，如行业保护神的分布能反映城市的经济结构、清真寺的位置能反映周边穆斯林社区的聚居情况等。而场所地块规模的变化及其与周边社区的关系，能反映该信仰在不同历史时期的地位和影响力。

场所是占据一定范围空间的，在城市形态中是以区域的方式表现。对于现存或有据可查的场所，可以在地图上明确绘出其多边形区域。

对于如今已经湮灭的宗教信仰场所，需通过分析相关文献资料来推算其当时场所的位置和用地规模。

在GIS中分析宗教信仰场所与城市形态的关系，需要用点来表示场所的空间位置，即以场所范围的几何重心作为参考点。

（7）场所的规模

宗教信仰场所的建设规模对城市形态的影响明显，主要表现为场所的总用地面积。对于现存或有据可查的有确定范围的场所，可以根据其基本空间区域信息计算场所的总用地面积。

而对于古代时期的宗教信仰场所，就只能通过分析文献为在同一个时期里的场所进行三级（大、中、小）或五级（超大、较大、中等、较小、微小）划分，并根据那个

时期城市的规模确定这些等级对应的面积。

（8）场所的其他文本信息

除了上述各项特性信息以外，还有很多相关文字信息也需要录入数据库。其中包括对宗教信仰场所内建筑、园林景观等客观描述性文献，以及与此相关的诗歌、小说等文艺作品。

（9）场所的图像信息

与宗教信仰场所相关的古代绘画和近现代摄影都是十分重要的图像信息，是最直接的对场所形态的表现。

由于目前图像识别和图像检索的技术尚不够成熟，在数据库中除了保存图像本身，还需要纪录与图像相关的一些文字描述信息。这些文字信息包括：图像名称、来源、内容和时间。

2. 事件信息

宗教信仰场所相关的事件信息，除了影响宗教信仰场所本身物质形态的事件，还有历史上与宗教信仰场所相关的重要社会事件，以及这些场所所承载的丰富城市生活，此外还包括相关的基础研究、专题研究和学术交流。这些事件信息是研究宗教信仰场所历史变迁的重要依据，是研究城市形态与城市历史文化的重要组成部分。

宗教信仰场所相关的很多事件都对城市形态有影响，甚至会影响到整个城市的发展，因此有必要通过建立数据库进行记录和分析。

（1）事件名称

宗教信仰场所相关的事件的名称。有直接发生在场所物质形态上的事件，如其建造、毁坏、更替、修复、封敕等直接发生的

维修、保护、管理事件；也有与这些场所相关的城市社会生活事件，如做法、祭祀等仪式场景和接见、宣旨、庙会等各种官方和民间的活动。

（2）事件时间

宗教信仰场所相关事件发生和持续的时间。事件的发生有的是单次唯一发生，有的则是在一个较长的时期有规律地连续发生。对于多次有规律重复发生的事件除了纪录其首次发生的时间和持续时间，还要记录其发生规律和发生的次数（或最后一次发生的时间）。

（3）事件地点

宗教信仰场所相关的事件发生的地点除了会发生在该场所内部（用场所的空间位置点来表示），也有很多事件是发生在场所入口前的开放空间，甚至会发生在城市其他地方但却对该场所有重大影响。

（4）事件描述

对事件发生的缘由、过程、结果、影响、参与人等进行文字描述。特别是对城市方面的影响需要从相关文献中加以归纳和总结。

3. 现状信息

广州的传统宗教信仰场所在漫长的城市历史发展过程中不断地发生着变化。不同的时期这些场所都会呈现不同的状态。有时中兴、有时衰落。改革开放后，国内城市化的进程相当快，而广州又是改革开放的前沿，近二十年城市的发展非常急剧，旧城区的城市形态受到极大的冲击。在这种大背景下，老城区中的大多数宗教信仰场所都面临很多困境，如拆迁、传统街区肌理的打破、周边商业或房地产项目的侵入等等。这些场所的现状也影响着现在和未来的城市形态。因此纪录这些场所的现状对于研究城市发展当前所面临的问题和探索解决这些问题的方法都是很有意义的。

场所现状中的基础信息前面已经罗列过，这里主要是要再增加现在的管理、使用、维护、环境和发展空间等方面的状态。

（1）管理现状

现存的广州的传统宗教信仰场所除了部分制度性宗教场所由对应的宗教团体管理以外，很多民间信仰场所的管理是很复杂的，旅游部门、文物部门、等各种机构都有管理，其中往往还会有制约这些场所发展的管理状态。因此需要记录该场所现在具体的管理机构和方式。

（2）使用现状

有些现存的广州的传统宗教信仰场所管理与使用并不一致，有的场所没有被用于宗教信仰用途，被用于宗教信仰的场所也会有不同的使用状态，有的使用不足处于衰落状态，而有些则使用过度。

（3）维护现状

由于管理和使用的状态不同，场所的维护状态也不同。没有正常管理和使用的场所的建筑物、场地和设施都可能会存在维护不当的情况。维护现状可以按照五级划分（很好、较好、正常、较差、很差）以便于数据统计分析。

（4）环境现状

如今广州的传统宗教信仰场所在城市中所处的环境也是各有不同的。在研究这些场所与城市形态的关系时，场所环境是指场所周围地区的城市环境：处于居住社区之中还是商业中心的附近，或依然隐于山水之中。

（二）城市形态中的关键属性信息

城市由基本空间元素组成，它们构成了不同的开放与围合空间和各种交通走廊等，应用GIS进行空间形态研究从不同规模层次分析城市的基础几何元素，以描述和定量化这些基本元素和它们之间的关系。广州两千年来城市中心的位置、格局基本没有变化。非常适合作为城市形态研究的对象。

作为城市形态研究，以下将根据广州的城市形态从山林水系和道路地块等城市要素两个方面分析将纳入地理信息系统GIS的相关的关键属性信息。

1. 山林水系

广州是一个独特的山水城市，"十里青山半入城，六脉渠水皆通海"是对古城空间形态的形象概括。古代的宗教信仰场所往往会

在山中隐约，近现代的宗教信仰场所又随着口岸开放在水边人口聚集。在广州城市形态研究中"山"和"水"是非常重要的因素。

（1）山林

广东的九连山脉，斜亘于广州城区之北，并且伸入城中形成"青山半入城"的态势。其中对广州城区影响比较大的是龙头处的白云山（摩星岭372米）、飞鹅岭（96米）、越秀山（71米）、象岗山（68米）。白云山古时就被作为城市的主山，屈大均在《广东新语》卷三中说："白云者，南越主山……自大庾逶迤而来。"白云山余脉几成一字排列倚立城区北面。城东罗浮山余脉和城西北青云山余脉对广州形成环抱之势。

这些山林对于广州的城市形态有着重大的影响，其中越秀山在明代就被城垣包纳入城，成为城市的一部分。

这些山林的存在也要求了其地理信息系统GIS就不能只停留在二维平面地图之上而是要建立起三维的立体模型。

（2）水系

珠江是广州最重要的水系。珠江自广州城西北流入，在老城前凸成"冠带形"环抱古城，最后向东南入伶仃洋。

除了珠江及其支流，地处珠江三角洲水网地带的广州还有山溪、脉渠、濠池、湖泊、河涌纵横交错。其中"二湖、六脉、八壕、十闸"自宋朝以后就成为广州城市形态的特征。

每个时期湖泊河流都会发生很大变化，因此这些与城市相关的每个水体元素都必须附带有时间信息。

2. 城市要素

凯文·林奇（Kevin Lynch）在《城市意象》（The image of the city）归纳出城市的五个要素：道路、边界、节点、地标、区域。以下结合广州城具体分析这些要素。

（1）道路

广州城市历史漫长，具体道路的位置和名称也一直在变化中。在城市形态研究中要寻找出在各个历史时期基本保持拓扑关系的道路以便于跨时代地分析被这些道路限定的宗教信仰场所。

道路有新建也会消失还会重建，这与保持拓扑关系下的改变位置不同。因此道路也必须附带有类似场所的时间信息。

（2）边界

山林水体的边缘、古代广州的城墙都是边界。在广州还有政府机构集中地与居民区之间、不同行业聚集区之间、近代外国人与中国人活动区域之间、外国不同国家或民族活动区域之间都存在着边界。这些边界有时虽然没有明显的构筑物，但是却很明显地存在并影响城市的形态。

（3）区域

边界围合的区域比较容易确定，如山林、水体、城区等。还有一些区域则是模糊的，例如珠江沿岸、越秀山脚这类区域；还有与宗教信仰场所密切相关的该场所的影响区域。

（4）节点

节点虽然在城市意象中表现为点，但因为人们可以进入，现实中它们却可以是广场，或是以某种方式扩展了的线性形状。古代广州并没有现代城市意义的广场，不过依然有些可以作为城市节点的开放空间，如宗教信仰场所入口前的开放空间。除此之外，还有城门、码头、关闸等这些也是城市的节点。宗教信仰场所往往与这些节点存在密切的关系。

（5）地标

广州很多的传统宗教信仰场所的主体或高耸的建筑往往就是当时城市的地标，例如怀圣寺的光塔。在古代重要的官方或军事机构也会成为地标。近代广州口岸开放，外国政府或商业机构设置的一些场所也成为城市的地标。还有一些风水原因设置的重要建筑物也是广州的重要地标，例如越秀山上的镇海楼和珠江口的三塔。

三 城市形态时空再现

（一）二维的城市历史地图绘制

城市形态最终还是需要以几何图形的方式作为表现基础。不过由于城市形态研究不是城市规划设计，因此图形的精度就不需要非常准确，关键是要把握好总体的拓扑关系。以下简单介绍一下二维的城市历史地图绘制中需要注意的一些方面。

1. 基础数据来源

绘制地图总是需要基础的地理数据。广州是一个历史非常悠久的城市，其位置自建立之后两千多年来一直没有改变过。因此现在的基础地理数据依然可以作为基本的参照，特别是白云山、越秀山是广州城址的重要参考。

早在明朝永乐年初编撰的《永乐大典》（1408年）就有比较详细的广州地图，虽然地理比例并不精确，但是拓扑关系十分明确，城市五要素基本具备（图1）。

到了清朝，西方国家通过广州与中国进行贸易频繁，开始有洋人绘制更为精确的广州城市地图。例如乾隆十五年（1750年）绘制的《广州市图》就已经有较为精确的比例关系（图2）。

图1 明《永乐大典》中的《广州府境之图》

到了清朝末年鸦片战争时期已经有非常精确的地图可以为军事行动中所使用，如咸丰七年（1857年）第二次鸦片战争时的《英法进攻广州示意图》（图3）。

而到了光绪十六年（1890年）的《广东省城图》已经精确到可以为炮弹指定攻击目标（图4）。

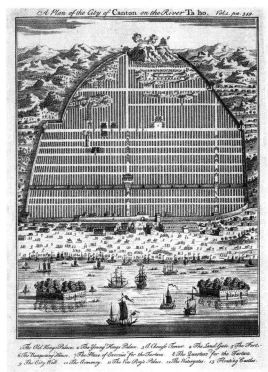

图2 乾隆十五年《广州市图》

以上明清的地图已经可以为城市形态研究提供非常珍贵的信息，再结合各时期的府志等相关文字材料就可以绘制包含各个时期广州传统宗教信仰场所和城市要素的地图。

2. 绘制方法与标准

具体绘制用于城市形态研究的GIS地图可以以现代广州地图为基础，简化抽象出相关的重要城市要素，保留现存的传统宗教信仰场所相关信息。然后再根据史料绘制更为早期的城市地图。对于拓扑关系不变的元素则保留现代这些元素的位置但要赋予更多相关的历史信息；而对于完全变化的元素则根据现有元素的相对位置进行增减同时也赋予其历史信息。

图3　咸丰七年《英法进攻广州示意图》

由于是用于城市形态研究，因此绘图的比例不需要很大，1∶5000甚至1∶10000的比例就足够了。特别是用计算机绘图时要控制好图形的精细程度，过多的小细节反而不利于后期GIS分析表现。

3. 图形格式

地理信息系统GIS软件很多，国外主要有ArcGIS（包括ArcGIS，MapObjects，ArcIMS、ArcSDE等）、MapInfo、GeoMedia、MGE、SmallWorld；还有国内的Supermap、MapGIS、GeoStar、TopMap、GeoBean、VRMap、MapEngine等等。目前国际上主流的是ESRI公司的ArcGIS软件。

图4　光绪十六年《广东省城图》

39

这些软件的GIS功能都很强大，也有绘制地图的功能。不过对于建筑学背景的学者可以先用比较熟悉的CAD绘制软件（例如AutoCAD）绘制矢量图，然后转化数据到专业的GIS软件中。

对于历史地图这类图像文件由于是位图格式（Bitmap）需要重新绘制成矢量格式。

（二）三维的城市历史空间模型建立

之前介绍广州是个山水城市，山体在广州市的城市形态中占据非常重要地位。因此如果需要更为形象地表现广州的城市形态，最好就是能够建立三维的城市空间模型。

目前三维技术已经从早期3DS制作的静态效果图发展到了可以交互浏览的虚拟现实（Virtual Reality虚拟实境）。不过目前三维GIS还没有非常成熟的平台，需要在原来3DS模型基础之上用采用类似虚拟现实的浏览方式开发软件将更多的关键属性信息链接到场景中的三维模型上。

尽管现在三维GIS还在起步阶段，但是如果在收集地理数据的时候就注意其三维信息，并建立三维模型，对于GIS数据的可视化分析和表现是很有用处的。例如在城市形态研究中要分析地标对周围的影响，那么地标的高度信息与周围环境的高度变化就非常重要。广州怀圣寺光塔始建于唐朝，光塔平面呈圆形，高36.3米，塔底直径8.85米，这在当时属于超高层建筑，其对当时城市形态的影响相比于现在高楼林立的广州城是完全不同的。

四 广州传统宗教信仰场所关键属性信息与城市形态时空信息结合

在前面所述的广州传统宗教信仰场所和城市形态中的关键属性信息包括了文本、图像、几何、地理等多种形式的信息，这就需要应用GIS地理信息系统将这些信息有机地结合在一起。GIS独特的地理空间分析能力、快速的空间定位搜索和复杂的查询功能、强大的图形处理和表达、空间模拟和空间决策支持等，可产生常规方法难以获得的重要信息。

建立GIS系统时绘制矢量地图甚至建立三维模型对于建筑学背景的研究人员并不难，但是很多文本形式的属性信息却需要考虑数据的规范性。地理信息系统都采用关系数据库，通常的关系数据库管理系统（RDBMS）都提供数据库查询语言SQL（Structured Query Language）结构化查询语言，是一种数据库查询和程序设计语言，用于存取数据以及查询、更新和管理关系数据库系统。由于GIS中各类宗教信仰场所和城市要素的属性不同，描述他们的属性项及值域亦不同，所以要注意规范这些属性项并定义好数据结构。

以宗教信仰场所关键属性中的信仰名称和信仰功能为例。同样是信仰上帝就有天主教、东正教、新教（又被称基督教）。而民间信仰更是五花八门，名称和崇拜祭祀的对象众多，需要加以辨别和规范。在数据结构上，同样的信仰会有不同的功能，而同样的功能又会有不同的信仰，因此两者之间关系是多对多的关系。

五 宗教信仰场所与城市历史形态的空间分析

作为GIS的核心部分之一，空间信息分析在地理数据的应用中发挥着举足轻重的作用。这也是应用GIS最有意义的地方。通过空间查询与空间分析得出研究结论，是应用GIS的出发点和归宿。在GIS中这属于专业性，高层次的功能。与制图和数据库组织不同，空间分析很少能够规范化，这是一个复杂的处理过程，需要懂得如何应用GIS目标之间的内在空间联系并结合各自的数学模型和理论来制订规划和决策。由于它的复杂性，目前的GIS在这方面的功能还需要具体研究人员参与开发出满足特定需求的功能。以下探讨在广州传统宗教信仰场所与城市形态研究中可能的功能（图5）。

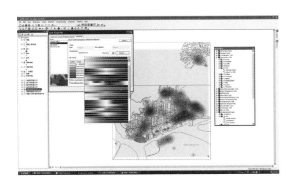

图5 应用ArcGIS进行空间分析

（一）宗教信仰场所的空间定位搜索、查询和统计功能

与CAD绘制的地图和普通数据库不同的是，GIS具有很强的空间定位搜索和查询功能，可以根据研究人员设置的特定的条件在数据库中找到符合条件的宗教信仰场所并在地图上表示出来。最直接的功能就是可以按照场所的一个或多个属性来检索，例如可以查询明朝的佛寺或者是查询所有明朝时期沿珠江北岸5公里范围内的天主教堂等等。

由于在建成GIS数据库之后，以各种条件查询变得很方便，因此研究人员可以尝试设置各种条件进行检索并迅速在地图上得到结果，这样就有可能发现这些场所在城市中分布的一些用传统方法不容易发现的规律。

（二）宗教信仰场所与城市要素的空间几何拓扑关系分析

空间关系信息主要涉及几何关系的"相连"、"相邻"、"包含"等信息，它通常用拓扑关系或拓扑结构的方法来分析。拓扑关系是明确定义空间关系的一种数学方法。在地理信息系统中用它来描述并确定空间的点、线、面之间关系及属性，并可实现相关的查询和检索。

在宗教信仰场所与城市形态研究中一定需要分析场所与城市要素之间的空间关系。例如要分析某一场所和区域的关系，具体如可以分析广州怀圣寺与蕃坊（唐宋时期政府为安置和管理来华外籍商人而设立的专门区域）的关系；也可以查询包含在蕃坊区域之内共有多少清真寺。

（三）宗教信仰场所的缓冲区分析

缓冲区是指以点、线、面实体为基础，自动建立其周围一定宽度范围内的缓冲区多边形图层，然后建立该图层与目标图层的叠加，进行分析而得到所需结果。缓冲区分析是用来确定不同地理要素的空间邻近性和接近程度的一类重要的空间操作。

宗教信仰场所对于城市的影响就是很标准的缓冲区分析问题。也就是一个场所能够影响范围的半径，类似公共建筑的服务半径。应用GIS还能够同时分析多个场所对城市的影响，用于发现场所之间的关系。

（四）宗教信仰场所的叠加分析

叠加分析是GIS中的一项非常重要的空间分析功能。是指在统一空间参考系统下，通过对两个数据进行的一系列集合运算，产生新数据的过程。这里提到的数据可以是图层对应的数据集，也可以是地物对象。叠加分析的叠置分析的目标是分析在空间位置上有一定关联的空间对象的空间特征和专属属性之间的相互关系。多层数据的叠置分析，不仅仅产生了新

的空间关系，还可以产生新的属性特征关系，能够发现多层数据间的相互差异、联系和变化等特征。

具体到宗教信仰场所与城市形态的研究中，可以用这种方法分析不同历史时期同一个场所的变化，将场所不同时期的区域几何边界进行叠加分析就可以发现其变化规律。 如果再与上述缓冲区结合在一起就可以分析出场所对城市影响的变化。除此之外还可以分析不同类型信仰场所互相之间的影响等等。

以上这些空间分析功能是GIS的基本功能，空间信息分析的内涵极为丰富，要应用好GIS的空间分析可以发现很多隐藏在各种复杂信息中的规律，如广州传统宗教信仰场所的选址特征、历史演变、内部空间形态特征及其与社区空间形态的关系等。

六 结 语

GIS应用范围及其广泛，在城市规划和设计中已经有很多成熟的应用，在各种城市问题的研究中也多有应用。探索在研究城市精神信仰场所与城市形态关系中应用GIS的工作才刚刚起步。在建立GIS时分析需要采集和处理的各种信息以及明确这些信息之间相互的关系是非常重要的准备工作。操作GIS软件需要经过专业的学习，还需要具备计算机编程的能力，不是所有具体研究历史建筑保护和城市某方面问题的人员很快就

能掌握的。但是只要能够了解GIS的基本原理，就可以与熟悉GIS软件开发的技术人员合作并指导GIS在对应的研究领域的开发和应用。

参考文献

[一] 汤众:《历史文化名城的数字化生存》,《时代建筑》2000年第3期,第28页。

[二] 何韶颖:《广州历代佛教寺庵分布特征研究》。

[三] 何韶颖:《广州怀圣清真寺周边街区城市形态解读》。

[四] 宋小东:《地理信息系统实习教程》,科学出版社,2004年版。

[五] 汤国安、赵牡丹:《地理信息系统》,科学出版社,2000年版。

[六] 凯文·林奇:《城市形态》,华夏出版社,2001年版。

[七] 凯文·林奇:《城市意向》,华夏出版社,2001年版。

[八] 广州宗教志编纂委员会:《广州宗教志》,广东人民出版社,1996年版。

[九] 中国第一历史档案馆、广州市档案馆:《广州历史地图精粹》,中国大百科全书出版社,2003年版。

[十] 牟凤云、张增祥、谭文彬、刘斌:《广州城市空间形态特征与时空演化分析》,《地球信息科学》第9卷第5期,2007年版。

[十一] 陈建华:《广州山水城市形态演进特征的阐释》,www.cnki.net。

【国家考古遗址公园规划编制初探】

贺　艳·北京清华城市规划设计研究院

摘　要：国家考古遗址公园规划是近两年新出现的一种规划类型。本文梳理了国家考古遗址公园的概念及目前的贯彻执行状况，阐明了现阶段进行国家考古遗址公园规划编制研究的必要性和紧迫性。进而通过对圆明园遗址公园、金沙遗址公园、隋唐洛阳城宫城考古遗址公园等实例的分析，结合《国家考古遗址公园管理办法（试行）》及其评定细则和相关工作规范的排比分析，对国家考古遗址公园规划的主要任务、规划重点与工作流程进行了初步探讨。希望能够抛砖引玉，吸引更多研究者加入到国家考古遗址公园编制工作的讨论中来，为即将大规模展开的国家考古公园遗址公园规划工作提供一些借鉴。

关键词：国家考古遗址公园　大遗址　遗址公园规划

一　引　言

（一）国家考古遗址公园概念解读

"国家考古遗址公园"是国家文物局在2009年12月正式出台的，一个具有中国特色的文化遗产保护新概念，"是指以重要考古遗址及其背景环境为主体，具有科研、教育、游憩等功能，在考古遗址保护和展示方面具有全国性示范意义的特定公共空间。"[一] 要求由遗址所在地县级以上人民政府提出立项或评定申请，经省级文物行政部门初审后报国家文物局，国家文物局评定合格后授予"国家考古遗址公园"称号。

从国家文物局近五年所发布的相关政策和文件中，可以清晰观察到这一概念从"大型古代城市遗址公园——遗址公园——大遗址公园——国家遗址公园——考古遗址公园"的逐步酝酿与发展历程，及其与"大遗址"的密切关系。

可见，"国家考古遗址公园"实际上是具有法定意义和确定边界，保护与展示、利用双赢的，我国考古类文化遗产资源中的杰出代表。是进一

[一] 国家文物局：《国家考古遗址公园管理办法（试行）》[EB/OL]，2010年1月6日，国家文物局官方网站：http://www.sach.gov.cn/tabid/311/InfoID/22762/Default.aspx，2010年2月5日。

43

步促使"保护"与"发展"走向整合，追求文化遗产与城市建设的和谐共赢的一个战略构想；是大遗址保护发展到一定阶段，国家经济实力具备一定基础后的产物；是当前形势下解决我国城市核心区和城乡结合部大遗址保护问题的有效途径[一]。

2009年12月17日，国家文物局正式发布《国家考古遗址公园管理办法（试行）》（以下简称《管理办法》），对国家考古遗址公园的概念和责任主体、评定程序和实施细则、管理运营和退出机制等作出了明文规定，以"促进考古遗址的保护、展示与利用，规范考古遗址公园的建设和管理，有效发挥文化遗产保护在经济社会发展中的作用。"[二]

由于保护与改善民生相结合，举政府之力基本已成共识，引起了全社会的普遍关注。目前全国各地申报"国家考古遗址公园"的热情高涨。2010年6月，国家文物局启动了第一批国家考古遗址公园的评定工作，评定工作包括评定申请提交、申报材料初评和专家组现场评定等环节[三]。

2010年10月，国家文物局正式公布了第一批共12个国家考古遗址公园名单：圆明园国家考古遗址公园、周口店国家考古遗址公园、集安高句丽国家考古遗址公园、鸿山国家考古遗址公园、良渚国家考古遗址公园、殷墟国家考古遗址公园、隋唐洛阳城国家考古遗址公园、三星堆国家考古遗址公园、金沙国家考古遗址公园、阳陵国家考古遗址公园、秦始皇陵国家考古遗址公园、大明宫国家考古遗址公园。同时晋阳古城考古遗址公园、朝阳牛河梁考古遗址公园、长沙铜官窑

考古遗址公园、郑州商城考古遗址公园等23个项目通过立项[四]。

（二）国家考古遗址公园规划编制研究的必要性和紧迫性

"国家考古遗址公园"的兴起，将更好的发挥文化遗产对促进城市文化建设、提升城市竞争力与引领城市和谐发展的积极作用，开启了我国大遗址保护的新阶段。由于《管理办法》对国家考古遗址公园申请立项提出以下要求[五]：

（1）已公布为全国重点文物保护单位；

（2）保护规划已由省级人民政府公布实施；

（3）考古工作计划已获批准并启动实施；

（4）具备符合保护规划的遗址公园规划；

（5）具备独立法人资格的专门管理机构。

所以，伴随着申报热潮，与国家考古遗址公园相关的咨询与规划项目数量正在急速增长。同时，一个完善的考古遗址公园规划可以为考古遗址公园的建设提供重要的指导，避免在考古遗址公园建设中留下遗憾和悔恨。

但是，由于申报单位大多历史悠久、价值重大、内涵丰富、本体脆弱，隶属于专业文博机构，规模宏阔，且位于城市核心区或开发新区内，面临着较大的社会和经济压力的共性，同时又具有类型多样、问题复杂、专业性很强的特点，需要深入地专项研究，才能对其历史信息进行正确的理解与展示。所以在实际规划编制的操作中，无论是传统的城市规划、风景园林规划，还是文物保护规划的从业者们，都面临着很大的挑战。甚至连业主方和规划评审者，也对国家考古遗址公园规划"要做什么"而感到困惑。

这就要求大遗址保护工作者和规划工作者们，在前期积累的大遗址保护规划和考古遗址公园规划、建设经验的基础上，对照《管理办法》及其评分细则结合实践中常见问题，积极开展国家考古遗址公园规划编制的研究与探讨，尽早建立考古遗址公园规划专项技术规范，以保证国家考古遗址公园规划的编制质量，才能更好地迎接"十二五"期间即将到来的国家考古公园规划热潮。

二 现有国家考古遗址公园建设经验借鉴

（一）圆明园国家考古遗址公园的经验与教训

1983年，圆明园遗址被确定为遗址公园（《北京市城市建设总体规划》），成为我国最早设立的遗址公园。但当时对"遗址公园"的理解偏重于"公园"，简单采用常规公园化设计与经营，出现了与遗址形象和价值不符的建设和整修，及过分游乐化、商业化的倾向，对遗址风貌造成了破坏。以至于直到2002年还有专家呼吁要在圆明园遗址后去掉"公园"二字。

1999年开始，为改善圆明园遗址的保护状况，有关单位先后组织编制了圆明园遗址公园总体规划（《圆明园遗址公园规划》），以及考古发掘、山形水系修复、建筑遗址保护等专项规划，分别采用城市规划思路和分专业细化研究，为圆明园遗址公园指出了新的方向。

2001~2004年间，圆明园内首次进行了较大规模的考古发掘，出土许多令人惊叹的宏伟建筑基址和精美的建筑构件，远远超出了人们对于"废墟"的预期，体现了考古研究对圆明园遗址保护的重要意义。之后完成的九洲清晏区山水环境整理，也取得较好的整体效果，呈现了遗址公园应有的优美、安静的文化气息（图1、图2）。

图1　圆明园九洲清晏区考古挖掘遗址现场（坦坦荡荡）（贺艳摄）

图2　整理后的圆明园九洲清晏区（坦坦荡荡）（贺艳摄）

[一] 贺艳：《一种新兴的规划类型：国家考古遗址公园规划》[C]，中国城市规划学会2010年会宣读论文，2010年10月。

[二] 国家文物局：《国家考古遗址公园管理办法（试行）》[EB/OL]，2010年1月6日，国家文物局官方网站：http://www.sach.gov.cn/tabid/311/InfoID/22762/Default.aspx，2010年2月5日。

[三] 国家文物局：《关于开展国家考古遗址公园评定工作的通知》，[EB/OL]，2010年6月23日，国家文物局官方网站：http://www.sach.gov.cn/tabid/312/InfoID/25156/Default.aspx，2010年10月17日。

[四] 国家文物局：《关于公布第一批国家考古遗址公园名单和立项名单的通知》，[EB/OL]，2010年10月11日，国家文物局官方网站：http://www.sach.gov.cn/tabid/312/InfoID/26334/Default.aspx，2010年10月17日。

[五] 国家文物局：《国家考古遗址公园管理办法（试行）》[EB/OL]，2010年1月6日，国家文物局官方网站：http://www.sach.gov.cn/tabid/311/InfoID/22762/Default.aspx，2010年2月5日。

但期间也暴露出不少问题：由于发掘出的遗址缺乏保护与展示的研究准备，出现了考古工作者一边认真清理，工匠一边就开始轻率施工的现象，不但归安错误还对多处遗址造成了二次破坏；建筑遗址的保护与展示形式单一，用材不当，未能充分阐释遗址信息和特色；种植设计没有根据考古情况进行调整，树种选择和搭配随意，甚至在建筑基址上种植了深根系高大乔木；周边居民缺乏保护意识和积极性，竟入园打破遗存的石构件只为盗窃修复用的铁管。相比当年沸沸扬扬的"防渗膜"事件，这些其实才是对圆明

图5 殷墟宗庙区复原建筑 （贺艳摄）

图6 殷墟博物馆 （贺艳摄）

园遗址真正的伤害（图3、图4）！

以上教训表明，对于考古类遗址公园来说，保护和展示问题必须统筹考虑。必须通过多学科的及时介入和跟进研究，根据遗址的保护要求、历史属性和价值确定遗址的展示形式、设施及材料，才能起到凸显遗址本体、对强化公园主题的作用。同时在遗址公园的发掘整理和建设过程中，应先建立完备的安防监控措施，并及时向社会开放、宣传和教育。

（二）殷墟、金沙、阳陵和大明宫国家考古遗址公园展示方式比较

河南安阳殷墟国家考古遗址公园（殷墟

图3 栽种在建筑遗址上的高大乔木
（九洲清晏）（贺艳摄）

图4 归安后遭受愚民破坏的石栏杆
（坦坦荡荡）（刘川摄）

博物苑），位于安阳市殷都区，始建于1987年，后逐步拓展，至2005年9月，殷墟遗址公园（包含宫殿宗庙区和王陵区，占地4.14平方公里）和殷墟博物馆（3500平方米）建成开放。殷墟遗址公园主要采用对遗址回填后在地面上同一位置模拟遗址原状进行展示的方式，并对宫殿宗庙区中心的部分建筑进行了复原展示。殷墟博物馆采用谦逊的下埋式处理，与遗址公园整体景观取得协调。馆内对出土文物进行了陈列展示，并加入了数字化虚拟展示内容（图5、图6）。

成都金沙国家考古遗址公园（金沙遗址博物馆），位于成都市青羊区，从2001年开始发掘。2006年4月，占地30公顷的金沙遗址公园建成对外开放，包含展示遗址祭祀区考古发掘现场的遗迹馆、出土文物陈列馆、文物保护中心等，总建筑面积约38000平方米。其中，开敞的金沙遗址馆全面展示了祭祀区遗址的宏阔景象，给观众提供了以前难以获得的考古现场感

图7　金沙遗址公园　（卢庆强摄）　　图8　金沙遗迹馆室内　（卢庆强摄）

和直观的认知体验，成为展示中的一大亮点（图7、图8）。

西安阳陵国家考古遗址公园（汉阳陵博物馆），位于西安市北郊，考古工作从20世纪70年代开始，现建成帝陵外藏坑遗址保护展示厅、南阙门遗址保护展示厅、宗庙遗址、考古陈列馆等。南阙门遗址保护展示厅是一座外观仿汉式建筑的保护性建筑，跨空建设于南阙门遗址上方。外观采用下沉和覆土绿化处理的帝陵外藏坑遗址保护展示厅跨空建设于帝陵外藏坑遗址上方，采用全封闭式的真空镀膜电加热玻璃幕墙和通道将观众与遗址本体形成通透性的隔离，为观众与遗址提供了不同的温湿度环境，也给观众在充满神秘感的环境中多角度欣赏和接近文物提供了条件，考古工作者在封闭区从事发掘清理的现场工作也吸引了很多观众驻足观看（图9~图12）。

西安大明宫国家考古遗址公园，位于西安市北郊，项目自2007年10月

图9 阳陵南阙门保护建筑（贺艳摄）

图10 南阙门保护建筑内部结构（贺艳摄）　　图11 阳陵博物馆覆土屋面（贺艳摄）　　图12 阳陵博物馆参观廊道[一]

启动，规划占地3.5平方公里，包含丹凤门、含元殿等重要遗址和遗址中心。含元殿对台基进行复原性展示，让观众可以真切地体会到原建筑的高大宏伟；丹凤门遗址上跨空建设的保护展示馆，采用了仿唐式的建筑形象，展示了盛唐的风采（图13、图14）。

（三）隋唐洛阳城国家考古遗址公园（宫城区）规划分析[二]

隋唐洛阳城国家考古遗址公园（宫城区）位于洛阳市老城中心，是隋唐洛阳宫城遗址中最核心的区域。面积虽然只有10公顷，却集中了——隋及唐早期的乾阳殿、乾阳门及南廊遗址，盛唐的明堂、天堂及东西廊房遗址，宋代的太极殿、太极门及东西廊房遗址，意义特别重大。但不同朝代的遗址相互叠压、打破，如明堂遗址北部与乾阳殿、太极门形成"三朝"叠加，关系十分复杂。

因为宫城区遗址公园规划委托时，用地内拆迁和发掘工作都已基本完成，遗址考古情况清晰。所以规划侧重于对不同时期相互叠压的遗址进行展示设计，及制定后续的研究、使用管理计划（图15）。

为完整地保护和展示这一区域的丰厚历史，规划确立了对"遗址区原有建筑格局、形制和规模进行整体、分层展示"的目标。通过与历史、考古学者的深入沟通，先将公园范围从原定边界向北、向东各扩展50米，将宋太极殿遗址和印刷厂的几栋老厂房完整纳入园区，并通过在不同高度空间上标示不同时代遗址体量的展示设计，完整保留并妥

[一]转引自汉阳陵博物馆网站。

[二]《隋唐洛阳城国家考古遗址公园（宫城区）规划》由北京清华城市规划设计研究院郭黛姮工作室编制，主要编制者为郭黛姮、贺艳、肖金亮、张倩茹。目前正按照规划实施分项建设。

49

图14　丹凤门复原性展示建筑（贺艳摄）

图13　大明宫含元殿复建台基（贺艳摄）

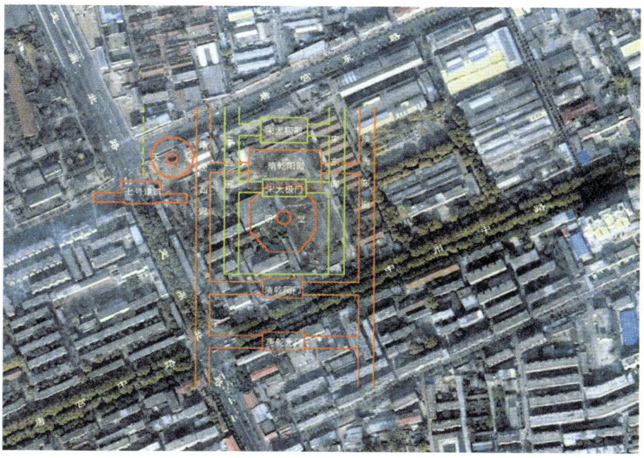

图15　宫城区遗址分布示意图（肖金亮绘）

善处理了不同时期遗迹之间的关系，并确定以"盛唐"为展示重点，做到了时间上的逻辑与空间上的逻辑并重。

规划全过程中，多次通过汇报、公示等形式与政府、专家和公众进行了广泛沟通；在遗址单体的展示设计上，统筹协调了不同的保护展示思路和风格——通过对遗址现状保存状况和保护与展示的需要的细致分析，分别选用了"揭露展示、地面标识、模拟展示、局部保护性立体复原和建设展示馆舍"等多样化的保护展示方式，为参观者提供了

图18　明堂保护建筑

图19　明堂保护建筑内部的遗址本体展示

立体形象和感性概念，增强了展示的直观生动性和准确性，使公众较容易对展示对象形成清晰而准确的认知（图16～图19）：

■隋：乾阳殿／乾阳门／廊房——原址回填＋地面铺装标识；

■唐：天堂——保护性建筑／复原展示／景观标志和制高点／宫城展示馆；明堂——保护性建筑／文化展示馆；其他建筑／廊房——覆土绿化基座与铺装／主要流线；

■宋：太极殿／太极门／廊房——地面模拟展示＋金属空间轮廓线；

■近现代：旧厂房——管理服务用房＋停车场。

图16　宫城区规划总平面图（张倩茹绘）

图17　宫城区规划鸟瞰图（张倩茹绘）

其中，明堂、天堂遗址的保护性建筑均要求跨空修建，室内除大面积的考古工作区和参观廊道外，还设置多媒体展厅，利用数字技术展现以"明堂"为核心的中国传统宇宙观和隋唐洛阳宫城全貌，增加参观者逗留的时间并能进行深度的思考，保护的同时承担起文化传承的责任。旧厂房的改造利用，满足了使用功能又减少了建设量，体现了对遗址的最小干预和节约利用。

除展示设计外，规划还对园区内的场地覆土厚度、植物种类、路线组织、道路铺装与标识等做出了具体要求，确保各类保护与展示措施都具有可逆性和可识别性，为未来园区内长期持续的考古发掘和开放参与留下空间。将作为洛阳历史城区的文化引擎项目，促进文化旅游和相关产业发展，提升城市文化品位，带动现代城市文化生活。

三 国家考古遗址公园规划编制方法探讨

以下将通过对《国家考古遗址公园管理办法（试行）》及其评定细则和相关工作规范的排比分析，对国家考古遗址公园规划的主要任务、规划重点与工作流程提出初步看法。希望能够抛砖引玉，吸引更多研究者加入到国家考古遗址公园编制工作的讨论中来，为即将大规模展开的考古公园遗址公园规划工作提供一些借鉴。

（一）国家考古遗址公园评价指标分析

《国家考古遗址公园评定细则（试行）》中，将考察内容划分为以下四大项：

1. 考古遗址公园的资源条件：包含四项必要指标（遗址价值、公园规模与内涵、区位条件、基础条件）和一项附加指标（环境条件）；

2. 遗址的考古、研究与保护：包含七项必要指标（考古工作、保护规划实施、遗址本体保护、遗址环境保护、日常维护与监测、风险防范、研究与成果转化）和一项附加指标（研究条件与设施）；

3. 遗址的展示与阐释：包含四项必要指标（展示规划实施、展示设施建设、遗址场地展示、公众参与）和一项附加指标（延伸展示）；

4. 遗址公园的管理与运营：包含四项必要指标（设施与服务、开放效果、机构人员、制度体系）和一项附加指标（宣传推广）。

在各大项分值分配中，1、4版块必要指标各占150分，2、3版块必要指标各占200分；附加指标均为25分；各小项按分值高低排列如下：

分值	包含的小项名称
80分	遗址场地展示、设施与服务
60分	展示设施建设
50分	区位条件（交通可达性、相关文化旅游资源、周边配套设施、社会经济条件）
40分	基础条件（政策支持、资金支持、利益相关者支持、土地权属、管理权属）、遗址本体保护、公众参与
30分	遗址价值、公园规模与内涵、考古工作、遗址环境保护、日常维护与监测、研究与成果转化、制度体系
25分	环境条件、研究条件与设施、延伸展示、宣传推广
20分	保护规划实施、风险防范、展示规划实施、开放效果、机构人员

以上数据清晰表明，能否从"遗址"走向"遗址+公园"，最重要的是遗址的展示、阐释状况，及其与地区经济和社会生活关联的紧密度；其次是地方政策法规的支撑、资金的投入、机构建设与社会各界的支持和参与。

在遗址公园的规模和建设上，关注的不是"大"不是"快"，而是能否有效保护并展示出遗址的核心价值，能否满足遗址安全防卫与长期考古、研究及开放的需要，能否与遗址及其景观环境相协调。

（二）国家考古遗址公园规划与保护规划、考古工作计划的关系

在《管理办法》中，将遗址公园规划与保护规划、考古工作计划列为平行的审查条件，显然三者的工作任务各有侧重、互为补充。只有理清三者的关系，才能更清晰的理解、明确遗址公园规划的主要工作内容。

1. 考古工作计划的工作重点

考古工作计划一般由考古专业人员在考古调查、勘探、试掘与前期发掘、研究的基础上，对地下遗存可能的范围及分布特点进行分析，针对疑难问题与保护条件，制定系统、合理的逐步发掘、清理计划，以保障考古工作长期、有序地展开。

2. 文物保护规划的工作重点

《全国重点文物保护单位保护规划编制审批办法》及其编制要求，明确指出保护规划是实施文物保护单位"保护"工作的法律依据。保护对象认定、价值评估、保存现状评估（真实性、完整性、延续性评估）是保护规划的编制基础，以准确界定主要破坏因素；保护目标、保护区划、保护措施、利用功能限定和游客容量控制指标等内容，是保护规划的强制性内容。

此外保护规划还包含管理评估、利用评估，环境规划、展示规划、管理规划、规划分期、投资估算等必需章节；并可酌情增加档案建设、保护措施、监测体系、游客管理、学术研究、宣传教育等评估内

容，及道路交通调整规划、人口调控或社会居民调控规划、土地利用调整规划、基础设施调整规划、建筑保护与更新模式规划、利用功能调整规划等专项规划。

由此可见，遗址公园规划的主要任务应当是解决遗址的"展示、共享"问题，从而与侧重"保护、控制"的保护规划和侧重"探索、发现"的考古工作计划形成互补（图20）。

图20　遗址公园规划与保护规划、考古工作计划关系分析图（贺艳绘）

（三）国家考古遗址公园规划重点

综上所述，考古遗址公园实际是在遗址保护的基础上，对遗址展示和利用的一种更高层次追求。遗址公园规划作为考古遗址公园"考古——保护——展示"连续工作链和考古遗址公园建设"规划——设计——施工"过程中的重要环节，与现代公园规划设计相比，具有许多特殊性。

其中最重要就是，一切设计都必须从"遗址"本体出发，带着"保护"的理念进行。即使纯功能性设施（如管线排布）也必须照顾遗址保护的需要，进行细致安排，而不能简单地套用现行公园规范。设计单位除具备规划设计资质外，还应具备相应的文物保护设计资质。

综合以上分析，我们认为一套完整的遗址公园规划应当包含以下内容：

1. 基础评估

根据《国家考古遗址公园评定细则》逐项收集基础材料，并对照《评分表》要求对遗址公园的资源条件、研究与展示基础、管理与运营现状等进行评测，找出差距和不足。

2. 综合策划

根据遗址的内涵和价值，遗址区周边土地利用现状，遗址公园建设对该区域社会、经济、文化发展的带动潜力以及现状不足，结合考古进程、保护区划与保护措施要求等，进行统筹计算和多方平衡，合理确定：

■遗址公园的战略定位和具有现实可操作性的发展、建设时序；

■遗址公园（各阶段）的边界，展示重点和层次，公众参与形式，设施要求与规模等；

■遗址公园建设、运营维护资金来源与回报（社会、经济综合效益）保障建议。

3. 保护展示设计

包含展示模式研究、空间规划设计、信息共享计划等。设计前应对遗址原貌进行深入研究及合理推测，作为遗址保护和展示设计的科学依据，使遗址展示内容更丰富、系统、准确。

■展示模式研究：在遗址信息尚不完全清楚的情况，通过对遗址前期发掘和类似遗址发掘情况的分析，判断未来出土遗存的可能状况，形成多种保护和展示方案的备选项目库，以便于根据实际出土情况灵活选用。为未来考古工作的持续开展提供了足够的空间，避免因急于把公园空间塞满而进行盲目建设对遗址造成破坏。

■空间规划设计：针对遗址性质、内涵、范围和布局基本清晰的情况，在空间上落实展示布局、展示路线和展示形式，深度相当于修建性详细规划。遗址展示形式、配套设施及广场、绿地等各类景观元素的运用都不能破坏遗址（具有可逆性和可识别性），并应更好的凸显和释读遗址，最大限度地展现其历史风貌和文化特征；设计应注意避免过城市化、游乐化和商业化。

■信息共享计划：制定遗址公园的开放、宣传与推广计划。通过各种形式的陈展设计、讲解导览、标识设计、出版发行、文化产品设计，向公众开放考古工地现场及考古设施，和举办各种文化活动、教育活动、社区活动、特色体验项目等，将遗址承载的历史和文化信息全方位的传递给公众。

4. 保障制度设计

■完善管理机构和管理制度；

■建立完善的安全保卫、监控、防灾，以及遗址日常变化监测；

■建立发掘、研究、设计和运营维护全过程的跨学科合作机制；

■合理限定游客数量，配备相应服务设施；控制公园整体氛围和游客秩序，规范园内各类经营行为。

【杭州市闸口白塔的保护与展示方式构想】

覃 海　肖金亮·北京清华城市规划设计研究院

摘　要：杭州闸口白塔是五代吴越时期仿木楼阁式塔的杰出代表，具有极高的建筑及艺术价值。但经历了从五代至今漫长的岁月，由于自然危害以及人为的破坏，现今的白塔本体已经残缺不全，结构裂缝及风化危害比较严重，并在进一步加深，白塔的保护工作十分紧迫。本文通过对白塔现状本体及周边环境的分析，结合白塔的历史及区域环境面貌，本着保护为主、充分展示的原则，以复兴闸口白塔形象突出的地位、焕发其活力，使其重新融入城市生活为主要目的，从而提出对白塔加盖保护罩的方式进行保护，并对保护罩的形式、尺度以及内部展示情况做具体分析和探讨。

关键词：闸口白塔　保护　展示

引　言

中国是世界文明古国，五千年文明史造就了中国深厚的文化底蕴，遍布全国各地的历史文物古迹是这种文明辉煌的见证。保护好祖先遗留下来的文化遗产是我们义不容辞的责任；做好充分的展示工作，对传承文明、教育后人具有十分重要的意义。

《中华人民共和国文物保护法》、《中国文物古迹保护准则》等一系列文物保护法律法规的制定，成为我国对文物古迹保护工作进行指导的行业规则和评价工作成果的主要标准。

随着社会的进步和保护理念不断地与国际接轨，对文化遗产周边环境的保护也越发受到国人的重视。《西安宣言》提出文物古迹所处的周边环境应该是文物古迹保护工作的重要组成部分，应当正确认识环境对古迹遗址的重要性。

在中国经济社会高速发展的今天，城市化进程处于历史最高峰，文物古迹保护尤其是对古迹周边环境的保护所面临的压力非常巨大。

对于古迹历史环境还存在的情况下，应当予以全力保护，使文物古迹和周边历史环境以整体面貌出现，这是最理想的状态，其历史价值、社会文化价值

55

可以得到充分的展示，但目前这种情况少之又少，一般只能在远离城市的地方才能做到。

在全国范围内有相当大一部分数量的文物古迹处于城市当中，文物本体尚存，但其周边历史环境早已被破坏或者已经消失无存，致使一些文物建筑或古迹遗址深藏在城市的某个角落里，从高处俯瞰，它们正被胁持在城市的一栋栋高楼里，显得孤立无援。商业开发像潮水一般步步紧逼文物古迹，本来就已经处于环境弱势的古迹遗址若是无法成为旅游亮点，看不到近期利益所在，迟早有一天将会被这股潮水所淹没，最终消失。对于中国这样一个人口众多、并且需要高速发展的文明古国，建设与保护这一矛盾如果处理不好，对任何一方都会造成损失，尤其对不可再生的物质文化遗产将是无法挽回的灾难。

因此，对于那些历史环境遭到改变已成事实的文物古迹，在保护好它们的同时，充分展示其历史价值，复兴其历史地位，焕发其活力，使其重新融入到城市生活当中，服务于社会，将被动的保护变为主动的展示，这样才能使其在不断发展的城市当中立于不败之地，这应该是文物保护工作者和设计师们的工作重点所在。

杭州闸口白塔目前也面临这样的问题，围绕这一问题我们将对白塔的保护与展示方式作以下探讨。

一　从保护为主的原则出发，科学论证，选择最佳保护方式

文物保护的核心原则是以保护为主，通过对文物的调查和研究评估，确定文物的历史、艺术及科学价值，对有重要价值的文物古迹实施重点保护；保护工作应当建立在科学论证的基础之上，通过实地勘测，对文物古迹的现状安全隐患作出评估之后采取针对性的保护措施。

闸口白塔位于浙江省杭州市钱塘江边闸口白塔岭，塔建于五代吴越末期，是江南现存最早的八角形楼阁式石塔，是五代吴越时期仿木构塔中最精美最典型的一座，而且造型优美、雕刻精致，具有极高的综合价值（图1）。

图1

白塔用灰岩雕凿而成，底部为基座，其上为须弥座，再上分九层。从现状外观来看，能传达白塔自身建筑特点的信息基本保存完好，但全身上下每一层都有局部残缺。塔基部分原为一个与周边自然过渡的小山丘，后来周围土地被平整，仅留下白塔四周三至五米范围的土台高起。

中国地质大学于2011年对白塔进行了物理探测，对白塔的病害情况及其基础稳定状态做了初步研究。研究得出，白塔的病害主要包括——结构性残损、构造性残损和大气危害。其中结构性残损和构造性残损已达到某种稳定状态，在进行更加深入、科学的分析研究之前，不宜进行结构性保护；而大气危害仍在持续进行，风化及酸雨侵蚀比较严重。白塔的基础和地基目前基本稳定，承载力能满足自重要求，暂无不均匀沉降危险，但塔基较小，近似于临空面，不符合放脚宽度的要求。

如上所述，白塔面临的危害主要来自两个方面：大气危害（风化及酸雨侵蚀）和基础放脚宽度过小，应当对其进行针对性保护。对于基础问题，可以扩大塔基范围以满足放脚宽度或通过圈梁增加侧向外力加固塔基。对于石质文物的风化和酸雨侵蚀问题，除了化学保护之外，最直接最有效的保护方式就是对其加盖保护罩，将原本裸露于自然环境之下的白塔本体置于室内以杜绝大气危害。

化学保护是指对石质文物通过化学的方法进行清洗、加固和防护。用清水或化学原料对石质表面的有害物质进行清洗；针对已经风化的、有解体危险、砂化的多孔文物通过加固剂渗透到石质文物中替代由于风化引起损失的天然胶结物，从而提高风化文物的强度；对文物表面喷涂化学保护材料以隔绝大气危害。化学保护方式由于保护材料的配方和工艺经常更新，需要保护的构件和材料情况复杂，且带有周期性，在使用时对石质文物可能会发生隐性危害。

相对于化学保护，保护罩对于文物的保护更加直接有效。对文物加盖保护罩，就是在不影响文物本体的前提下，在文物四周建设封闭或半封闭的临时性保护设施，保护罩起到保护文物遗址不被外界危害的作用，是最直接的保护手段。例如杭州雷峰塔遗址，通过在遗址上建设保护建筑，对文物遗址起到了遮风避雨的作用，防止了自然危害和人为的破坏。

保护好文物不被破坏固然是文保工作的首要任务，文物本身所具有的极高的综合价值如何最大限度地展现出来、带来社会效益、服务于社会，这也是文保工作的重要任务，因此，在选择保护方式的同时要全面考虑保

57

六和塔67米   洋房山84米   白塔21米 江堤0.0米

钱塘江

图2

护以及有关展示方面的各种要素。

二　重视文物与周边环境的关系，充分展现文物古迹的历史地位

　　《西安宣言》中提出文物古迹所处的周边环境应该是文物古迹保护工作的重要组成部分，文物古迹只有在与周边历史环境充分结合的条件下才能展现它自身最大的文化价值。但是在现实条件下，很多文物古迹周边的历史环境遭到破坏或者消失无存。对于那些有条件恢复历史环境的，我们应当尽可能按照历史原貌进行恢复，以保持文物与历史环境的完整性；但对于那些古迹周边历史环境已经大规模改变且不能轻易恢复的，我们应当在不破坏文物的基础之上，让文物古迹融入到新的环境当中，并创造条件突出其历史地位，让文物与周边环境协调相处，焕发其活力，这样才不会被现代环境所淘汰。

　　历史上的白塔在闸口一带区域具有重要的历史地位。吴越时期开凿龙山河，在河上两个渡口设置龙山闸和浙江闸，龙山闸在今闸口一带，之后在此处修建白塔，作为祈福、镇江和航标之用；南宋时期，定都杭州，利用水运的商贸活动十分频繁，闸口地段日渐繁荣，同时此地还是八府去往临安的

必经之路，白塔成为进入都城的地标；清末民国时期，在此修建了火车站，在西南不远处还修建了钱塘江大桥，铁路运输开始取代水运成为主要的物流方式，杭州又成为走向近代文明的起点之一，白塔作为水运地标建筑的作用在消退。

　　到了现代，闸口一带的工业遗产被列入文物行列，转变为保护展示为主的旅游场所。闸口白塔经历了该区域一千多年的兴衰，它不仅承担着记录历史的功能而且还要具有宣传展示历史文化的功能。白塔在过去一直作为地标性建筑存在，到如今，以它的重要性也理所应当作为该区域的地标性建筑。

　　但与历史环境相比，如今的白塔周边环境发生了翻天覆地的变化，其北侧仅一路之隔便是上海铁路局杭州机务段等铁路设施遗址，大片工业厂房建筑高度都在十几米以上；东侧不远处就是密集的居住区，高楼林立。闸口白塔总高14.1米，它已完全处于现代建筑的包围之下，白塔的地标性视觉地位完全丧失（图2）。

　　白塔周边历史环境涉及区域较广、情况复杂，恢复历史环境已然做不到。唯一的办法只有"拔高"白塔的尺度，让白塔从现代建筑丛林中脱颖而出，才能凸显其地标性地

位。根据这个思路，可以将白塔保护罩放大，达到一定高度，以适应周边现代建筑的尺度，这样在保护好文物的同时，又恢复了白塔昔日在这一区域的视觉地位，对展示白塔的价值和带动白塔周边区域旅游发展的意义十分重大。

三 正确把握审美标准，传递真实信息

文物保护设施属于新修建的建筑，罩于文物本体之外，其外观形象可以多种多样，可以是现代的，也可以是仿古的。它的形象如何，在很大程度决定了人们对文物本体的直观理解。因此，在设计保护建筑外观造型上需要正确把握审美标准。

闸口白塔用白色灰岩雕凿而成，白塔也因此而得名。白塔从古至今一直以这种白色石塔的面貌示人，人们一提到闸口白塔，脑海里就会浮现白塔的基本形象，白塔形象已经深入人心。

有人提出白塔保护罩的外观形象可以设计成现代风格，用夸张的时代造型去吸引人们的眼球，同样也能达到将白塔树立成地标建筑的目的。但是这样会带来一个问题，白塔对外展示的真实形象消失了，新的保护建筑向人们传递着一个错误的信息，也许随着时间的推移人们再提到白塔地标时，脑海里浮现的却是这座夸张的现代建筑，这对教育后人十分不利，偏离了文物展示的真正意义。

因此，设计白塔保护罩外观形象时，应该奉行传递真实信息的原则（图3）。

尽管保护罩不是对白塔的复制，但其形象仍然承担着对白塔历史信息进行展示、对白塔形象做视觉复兴的责任，必须尽量贴近白塔的真实，而不能用错误的信息误导游人。因此，保护罩将设计成一个用现

图3

代材料和结构建造的仿古建筑，其立面设计则充分吸收闸口白塔文物本体所体现出来的独特的时代和地域特征。例如：

（1）斗拱卷杀较平、栌斗大多为圆角斗、斗拱断面较胖、昂嘴形式近似批竹昂但较为平缓；

（2）角梁较为平缓，并无嫩戗发戗、水戗发戗等做法痕迹；屋脊末端有一定的起翘弧度，以此来形成飞檐翘角的形象；

（3）使用梭柱；

（4）各层平面直线收分，各层柱高递减；

（5）门窗装修使用欢门、闪电窗等做法较多。

在立面材质色彩的选择上也尽量贴近白塔，屋顶覆铝瓦，橡飞、斗拱、柱、枋用铝板按白塔形制加工造型，门窗采用玻璃幕墙，酸蚀出仿古门窗的花纹与造型。

这样一来，其造型古典中带有现代感，灰白色的主色调与白塔主要的视觉元素一致，能有效避免误读。

四 采用现代结构，减少对文物的干扰，达到保护与观览功能的完美结合

保护罩是建立在文物之上的新建筑，从观览需求的角度讲，保护罩和文物是一个整体，保护罩为文物提供便捷的观览空间和功能需求；但是从保护文物的角度讲，他们又是独立的，保护罩应该尽量减少对文物的干扰，避免对文物造成破坏。因此，在对文物保护设施的结构和空间设计上要特别注意保护与观览功能的结合（图4）。

现代钢结构的特性能很好的满足我们的需求。钢结构在保护设施建设中有以下优点：

（1）钢结构具有高度的可识别性不会误导游人；

（2）栓接钢结构具有高度的可逆性，符合"临时性保护罩"的需要；

（3）栓接钢结构可以在工厂加工、现场拼装，降低现场作业的工作量，最大程度降低施工对文物本体的影响；

（4）钢构件可回收，全寿命周期成本小、污染小，是绿色建材和结构形式；

（5）栓接钢结构可以将大构件化成小构件，只需小型机械甚至人力即可搬运安装，不需使用大型吊装机械，有效地避免机械进场对文物潜在的扰动危险。

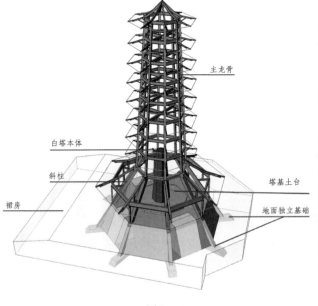

图4

对白塔保护罩的建设可以采用栓接钢框架结构，使用斜柱支撑主体结构，倾斜角度为60度，落脚位置距白塔11米，能够保证基本的安全距离。

白塔现状土台四周有近似临空面的问题，安全放脚不足。结构设计上可先在现状土台周围培覆外层保护土，增加土台宽度；然后8根斜柱在外围形成挡土结构，向内提供侧向平衡力，缓解临空面威胁，相当于变相地进行了白塔塔基加固。

保护罩采用地面独立基础，不需向地下打桩，只需在地面进行清理，然后在小范围内铺设垫层，柱脚即可落于其上。这种基础形式可以最大程度避免打桩带来的震动，杜绝对白塔本体的扰动。目前，洛阳隋唐宫城核心区明堂遗址保护展示建筑采用的就是这种地面独立基础的结构形式，业已竣工，验证了这种基础形式的可行性。根据此前地质大学对白塔地基的物探数据，地基岩层承载力为1.6MPa，是洛阳明堂地基夯土层承载力的10倍余，在白塔保护罩上采用这种地基形式是完全可行的。

在观览空间的设计上，白塔周围通过钢结构形成一个大范围的共享空间，游客可以自由观赏白塔全体面貌，还可以通过吊装式旋转钢梯近距离观赏白塔；在白塔四周慢坡部分采用大跨度钢结构设置半地下空间，作为白塔的多功能展示厅。

现代结构技术的发展对文物保护工作带来极大的促进作用。

总 结

闸口白塔保护罩的建设对白塔本体具有很好的保护作用，在技术上完全可行，最重要的是通过保护罩独特的造型、尺度和空间设计，将白塔与现代城市环境和谐统一，复兴了白塔的地标性视觉地位，使保护建筑景观化、景观建筑保护化；现代化的建筑功能既能保障遗址保存的完整性，又能很好地满足现代观览的功能需求，达到保护与展示的完美结合，将带来极大的社会效益和经济效益。

参考文献

[一]《梁思成全集》第七卷，中国建筑工业出版社，2001年版。

[二] 郭黛姮编：《中国古代建筑史》第三卷，中国建筑工业出版社，第二版。

[三] 傅熹年编：《中国古代建筑史》第二卷，中国建筑工业出版社，第二版。

[四] 高念华编：《杭州闸口白塔》。

「建筑文化」

【中国景观集称文化研究】 [一]

吴庆洲·华南理工大学建筑学院

摘　要：本文探讨了景观集称文化的定义、内容，经考证研究后提出：我国自然山水景观集称渊源久远，唐代柳宗元的"永州八记"为其先声；第一个城市名胜景观集称为北宋的"虔州八境"；第一个园林名胜景观集称为南宋的西湖十景；最早的建筑名胜景观集称为唐长安大相国寺的"相蓝十绝"。文中并论述了景观集称文化的发展及其传统美学、哲学，儒、道、释的理想境界，历史文化积淀，水文化特色等丰富的文化内涵。

关键词：景观集称文化　传统美学　哲学　历史文化　水文化

[一]　国家自然科学基金资助项目"中国古代城市规划、设计的哲学、学说及历史经验研究"（项目号：50678070）

65

中国的风景名胜地，"八景"、"十景"等称谓屡见不鲜。燕京八景、西湖十景、避暑山庄七十二景等更是闻名遐迩，吸引着历代骚人墨客和市井百姓前来参观游览，一饱眼福。这种以数字称谓景观的表达方式，形成中国所特有的一种文化。

一　集称文化和景观集称文化

中国人对数字有特殊的兴趣，作为中国传统文化之根的《周易》就是用数字表达其深奥的哲理："是故，易有太极，是生两仪，两仪生四象，四象生八卦。"（《易·系辞上》）"天一，地二；天三，地四；天五，地六；天七，地八；天九，地十。"（《易·系辞上》）"一阴一阳之谓道。"（《易·系辞上》）可见，用数字进行表达，在中国有着悠久的历史。天下第一泉、天下第一松、天下第一奇书、两宋、三国、三皇、东北三宝、四川、四大美人、文房四宝、五行、五岭、五湖、五帝、六朝、六出祁山、禅宗六祖、竹林七贤、扬州八怪、龙生九子、十常侍、十恶不赦、十二生肖、十三经、十三行、明十三陵、十八罗汉、龙门二十品、三十六计、六十四卦、七十二候、一百零八条好汉，等等。以上的称谓，都具有高度的概括力，通俗易懂。这种将一定时期、一定范围、一定条件之下类别相同或相似的人物、事件、风俗、物品等，用数字的集合称谓将其精确、通俗地表达出来，就形成一种集称文化[一]。

用数字的集合称谓表述某时、某地、某一范围的景观，则形成景观集称文化。景观集称文化是集称文化的子文化，按其范围大小可分为自然山水景观集称文化、城市名胜景观集称文化、园林名胜景观集称文化和建筑名胜景观集称文化四个子系统。

二 自然山水景观集称的先声——永州八记

景观集称文化源远流长。早在汉、晋之时，景观集称已有萌芽之例。比如古代天子有灵台、时台、囿台，合称三台。《初学记》卷二四引汉许慎《五经异义》："天子有三台，灵台以观天文，时台以观四时施化，囿台以观鸟兽鱼鳖。"

曹魏三台，晋左思《魏都赋》："飞陛方辇而径西，三台列峙以峥嵘。"张载注："铜雀园西有三台，中央有铜雀台，南则金虎台，北则冰井台。"但当时，这种集称多为名字的集称，景观内容还不突出。

若以自然山水景观集称而论，则唐代柳宗元之"永州八记"，应为其滥觞。柳宗元（773～817年），为唐宋八大家之一，于唐贞元二十一年（805年）贬到湖南永州，写下了著名的"永州八记"，脍炙人口，广为传颂，为"八景"之先声。

三 名噪一时的自然山水景观集称——潇湘八景

自然山水景观集称发端于唐代柳宗元

之"永州八记"，至五代，后蜀之画家黄筌（？～965年）有《潇湘八景》图传世（《图画见闻志》卷二）。潇湘八景应是历史上目前所知最早的自然山水景观集称之一。

景观集称之风盛于宋时。据《梦溪笔谈》："度支员外郎宋迪工画，尤善为平远山水，其得意者有平沙雁落、远浦帆归、山市晴岚、江天暮雪、洞庭秋月、潇湘夜雨、烟寺晚钟、渔村落照，谓之八景。好事者多传之。"[二]

南宋《方舆胜览》引《湘山野录》，称宋迪所画为"潇湘八景"[三]。宋迪的山水画妙绝一时，其潇湘八景影响深远，受到交口称赞："宋迪作八境绝妙，人谓之无声句"。即称其为无声之诗。于是，诗人们纷纷作有声画——诗歌以助兴，八景诗亦风靡诗坛[四]。画家则亦创作新的"潇湘八景图"。据《存复斋文集》"跋马远画《潇湘八景》"："《潇湘八景图》，始自宋文臣宋迪，南渡后诸名手更相仿佛。此卷乃宋淳熙间院工马远所作，观其笔意清旷，烟波浩渺，使人有怀楚之思。"[五]正所谓一石激起千层浪，潇湘八景出现于五代，至宋时成为名噪一时的景观集称。

四 第一个城市名胜景观集称——虔州八境

赣州在北宋称为虔州，古为南康郡治。八境即八景。孔子四十六世孙虔州太守孔宗翰作《南康八境图》，请苏轼为之题诗。八境为虔州的石楼、章贡台、白鹊楼、皂盖楼、马祖崖、孤塔、郁孤台、崆峒山等八处名胜。据苏轼"八境图后序",题八境图诗时"轼为胶西守",（苏轼于1071～1077年知密州），十七年后写后序，当时为绍圣元年（1094年）[六]，可知八境图及诗为熙宁十年（1077年）所作。虔州八境为我国第一个城市名胜景观集称。

宋代广州已有羊城八景[七]。其中一景为"光孝菩提"，查光孝寺原名"报恩广孝禅寺"，南宋绍兴二十一年（1151年）易广孝为光孝，沿用至今[八]。羊城八景当出现在1151年之后。而燕京八景最早见于金《明昌遗事》一书[九]，即出现于金明昌年间（1190～1196年）。羊城八景和燕京八景是除虔州八境之外的我国最早的城市八景，其他城市的八景多出现在明代或清代。

五　第一个园林名胜景观集称——西湖十景

西湖十景出现在南宋。宋本《方舆胜览》云："西湖，在州西，周回三十里，其涧出诸涧泉，山川秀发，四时画舫遨游，歌鼓之声不绝。好事者尝命十题，有曰：平湖秋月、苏堤春晓（图1）、断桥残雪、雷峰落照、南屏晚钟、曲院风荷、花港观鱼、柳浪闻莺、三潭印月（图2）、两峰插云。"[一〇]祝穆《方舆胜览》原本刻印于理宗嘉熙三年（1239年）[一一]，至迟在此前，西湖十景已形成。

图1　苏堤春晓图（原载《西湖志类钞》，录自阙维民编著：《杭州城池暨西湖历史图说》，第78页）

[一] 李本达等主编：《汉语集称文化通解大典》前言，南海出版公司，1992年版。

[二] 沈括：《梦溪笔谈》卷一七。

[三] 湖南路，宋本《方舆胜览》卷二三。

[四] 陈高华编：《宋辽金画家史料》，文物出版社，1984年版，第324～329页。

[五] 陈高华编：《宋辽金画家史料》，文物出版社，1984年版，第733～734页。

[六] 赣州市地名委员会办公室编印：《江西省赣州市地名志》，1988年版，第346页。

[七] 《羊城古钞》，卷首。

[八] 《广州市文物志》，岭南美术出版社，1990年版，第183页。

[九] 赵肖华：《北海景物述议》，《建筑历史与理论》第二辑，江苏人民出版社，1982年版，第126页。

[一〇] 浙西路，临安府，宋本《方舆胜览》，卷一。

[一一] 谭其骧：宋本《方舆胜览》前言，上海古籍出版社，1991年版。

67

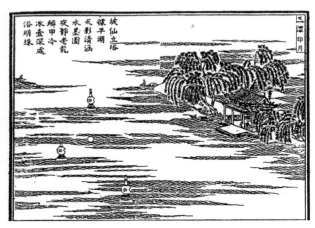

图2 三潭印月图（原载《正续绘图西湖楹联》，录自阙维民编著：《杭州城池暨西湖历史图说》，第90页）

六 最早的建筑名胜景观集称——唐代的"相蓝十绝"和五代"应天三绝"

唐代长安大相国寺有十绝，是目前所知的最早的建筑名胜景观集称。"大相国寺碑，称寺有十绝。其一大殿内弥勒圣容，唐中宗朝僧惠云于安业寺铸成，光照天地为一绝。其二睿宗皇帝亲感梦，于延和元年（712年）七月二十七日，改故建国寺为大相国寺，睿宗御书牌额为一绝。其三匠人王温重装圣容，金粉肉色，并三门下善神一对为一绝。其四佛殿内有吴道子画文殊维摩像为一绝。其五供奉李秀刻佛殿障日九间为一绝。其六明皇天宝四载（745年）乙酉岁，令匠人边思顺修建排云宝阁为一绝。其七阁内西头有陈留郡长史乙速令孤为功德主时，令石抱玉画'护国除灾患变相'为一绝。其八西库有明皇先敕车道政往于阗国传北方毗沙门天王样来，至开元十三年（725年）封

东岳时，令道政于此依样画天王像为一绝。其九门下璘师画梵王帝释及束廊障日内画'《法华经》二十八品功德变相'为一绝。其十西库北壁有僧智俨画'三乘因果入道位次图'为一绝也。"（《图画见闻志》卷五，相蓝十绝）

较长安大相国寺十绝稍晚的有成都应天寺三绝。

"唐僖宗幸蜀之秋，有会稽山处士孙位扈从，止成都。位有道术，兼工书画，曾于成都应天寺门左壁画坐天王暨部从鬼神，笔锋狂纵，形制诡异，世莫之与比，历三十余载，未闻继其高躅。至孟蜀时，忽有匡山处士景焕善画。焕与翰林学士欧阳炯为忘形之友，一日联骑同游应天，适睹位所画门之左壁天王，激发高兴，遂画右壁天王以对之。二艺争锋，一时壮观，渤海叹重其能，遂为长歌以美之。继有草书僧梦归后至，因请书于廊壁，书画歌行，一日而就。倾城士庶看之，阗噎寺中，成都人号为应天三绝也。焕尤好画龙，有《野人闲话》五卷行于世，其间一篇，惟叙画龙之事。"（《图画见闻志》卷六，应天三绝）

唐僖宗因黄巢兵至长安而逃至成都，乃唐广明元年（880年）12月之事。应天三绝为五代后蜀时事。

七 景观集称文化的发展

自唐"永州八记"和"相蓝十绝"面世，五代潇湘八景和"应天三绝"出现，北宋虔州八境问世，金有燕京八景，南宋有羊

城八景、西湖十景。尔后，景观集称文化向全国各地发展。

自然山水景观集称有：雁荡风景三绝、萝峰四景、川中四绝、天台山六景、伊犁八景、关中八景、五台八景、台湾八景、镜泊八景、洞庭西山八景、洞庭东山八景、香山二十八景、关沟七十二景，等等。

城市名胜景观集称有：渝州六景、遵义八景、乌鲁木齐八景、巴里坤八景、乌什八景、洛阳八景、衡阳八景、桂林八景、潮州内外八景、沈阳八景、辽阳八景、临洮八景、昌图八景、大连四景、济南三胜、厦门八景、金陵四十八景（图3），等等。

园林名胜景观集称有：天心四景、钱塘八景、西湖十八景、圆明园四十景（图4，图5，图6）、避暑山庄七十二景，等等。建筑名胜景观集称有：灵光寺四绝、白马寺六景、福陵八景、灵山寺八景、龙泉十六景，等等。

以上从横向可见，景观集称文化已遍及神州大地。

若从纵向考察，每一处的景观集称文化亦随着时代的前进而发展变化，至今仍有旺盛的生命力。就城市名胜景观集称文化而言，南京在明代从千百个景观中点出金陵八景、十景、十八景，到清代发展到四十景、四十八景[一]。

宋元明清时期，随着城市的变化发展，广州的羊城八景也随之变化发展。宋代的羊城八景为：扶胥浴日、石门返照、海山晓霁、珠江秋色、菊湖云影、蒲涧濂泉、光孝

69

图3　宣统二年（1910年）版金陵四十八景图之二景图（录自杨新华、卢海鸣主编：《南京明清建筑》，第886页）

[一] 杨之水等主编：《南京》，中国建筑工业出版社，1989年版，第169页。

图4　御制圆明园四十景诗图之一　清乾隆十年（录自翁连溪编著：《清代官廷版画》，第93页）

图5　御制圆明园四十景诗图之二（录自翁连溪编著：《清代官廷版画》，第94页）

图6　御制圆明园四十景诗图之三（录自翁连溪编著：《清代官廷版画》，第96页）

菩提、大通烟雨。元代因海山楼已毁，菊湖已淤，光孝寺受破坏，珠江景色受影响，故元代八景中取消了宋代的海山晓霁、菊湖云影、光孝菩提、珠江秋色四景，代之粤台秋色、白云远望、景泰僧归、灵洲鳌负四景。明代广州城市扩展，面目一新，八景取城内及近郊之景：粤秀松涛、穗石洞天、番山云气、药洲春晓、琪林苏井、珠江晴澜、象山樵歌、荔湾渔唱。清代八景取景范围大为扩展，有：粤秀连峰、琶洲砥柱、五仙霞洞、孤兀番山、镇海层楼、浮丘丹井、西樵云瀑、东海鱼珠。

新中国成立以来，羊城变得更美，怀着对羊城的爱心，广州市民曾四次评选羊城八景。1963年评的八景为：红陵旭日、珠海丹心、白云松涛、双桥烟雨、鹅潭夜月、越秀远眺、东湖春晓、萝岗香雪。1986年又评出新羊城八景：云山锦绣、珠水晴波、红陵旭日、黄花浩气、流花玉宇、越秀层楼、黄埔云樯、龙洞琪琳。这新的八景表达了羊城人民对先烈的怀念（红陵旭日、黄花浩气），又体现了改革开放以来的羊城新貌（云山锦绣、流花玉宇、黄埔云樯），具有时代感。2002年7月，广州经百姓评选，公布了"新世纪羊城八景"：云山叠翠、珠水夜韵、越秀新晖、天河飘绢、古祠留芳、黄花皓月、五环晨曦、莲峰观海。这八景，继承了广州的历史文化景观，又增加了新的内容，如"越秀新晖"、"天河飘绢"、"五环晨曦"等。2011年5月，《羊城晚报》组织评选《羊城新八景》，采用市民网上投票和专家评选相结合的办法。最后评出羊城新八景：塔耀新城、珠水流光、云山叠翠、越秀风华、古祠流芳、荔湾胜境、科城锦绣、湿地唱晚。这新八景中，塔耀新城、荔湾胜境、科城锦绣、湿地唱晚四景为新的景观。

八　景观集称文化的内涵

（一）传统美学内涵

以乾隆年间的燕京八景为例，试分析之。该八景为：琼岛春荫、居庸叠翠、太液秋风、西山晴雪、卢沟晓月、金台夕照、玉泉趵突、蓟门烟树。这八景有空间美，包括了燕京四境的美景；有时间美，包括了春、夏、秋、冬四季和朝、夕的景致；有自然美（晓月、夕照等），又有人工美（卢沟桥、金台等）；有色彩美、形态美、风韵美，等等。再以南宋西湖十景为例：苏堤春晓、平湖秋月、曲院荷风、断桥残雪、雷峰夕照、南屏晚钟、花港观鱼、柳浪闻莺、三潭印月、双（两）峰插云。这十景的景目两两相对：苏堤春晓对平湖秋月，曲院荷风对断桥残雪，雷峰夕照对南屏晚钟，花港观鱼对柳浪闻莺，三潭印月对双峰插云，富于韵律感；还有空间美（八方美景）、时间美（春、夏、秋、冬四季和朝、夕景致）、自然美（秋月、残雪、荷风、夕照）等和人工美（苏堤、断桥等）、静态美（平湖、秋月）等和动态美（荷风、观鱼）和声音美（晚钟、闻莺）、动物美（鱼、莺）和植物美（花、柳、荷）等等。

从以上分析可知，西湖十景比燕京八景有更丰富的美学内涵。除了画家和诗人的天赋之外，最重要的是杭州西湖景致的确迷人，如同西子，美貌无匹，这是杭州赢得"人间天堂"美誉的重要原因。

（二）传统哲学内涵

景观集称文化中有丰富的传统哲学内涵，景观中包含了阴阳、五行的思想。如燕京八景中，有阴（晓月、荫）和阳（夕照、晴），有金（金台）、木（荫、翠、树）、土（岛、山、台）、水（太液、玉泉）、火（烟）五行。南宋西湖十景中，也有阴（月、晚）和阳（晓、夕照），以及金（钟）、木（花、柳、荷）、土（堤、峰）、水（湖、港、潭）、火（照）五行。

（三）儒、道、释的理想境界

历代帝王中，有一些在景观集称文化史上占有重要的地位，下以乾隆皇帝题圆明园四十景，说明景观集称文化中的儒、道、释的理想境界内涵：

正大光明、勤政亲贤、九洲清晏、镂月开云、天然图画、碧桐书院、慈云普护、上下天光、杏花春馆、坦坦荡荡、茹古涵今、长春仙馆、万方安和、武陵春色、山高水长、月地云居、鸿慈永佑、汇芳书院、日天琳宇、澹泊宁静、映水兰香、水木明瑟、濂溪乐处、多稼如云、鱼跃鸢飞、北远山村、西峰秀色、四宜书屋、方壶胜境、澡身浴德、平湖秋月、蓬岛瑶台、接秀山房、别有洞天、夹镜鸣琴、涵虚朗鉴、廓然大公、坐石临流、曲院荷风、洞天深处。

其中，正大光明、勤政亲贤、坦坦荡荡、澡身浴德、廓然大公、九洲清晏、万方安和等景目，反映了儒家主张；方壶胜境、蓬岛瑶台、天然图画、别有洞天、洞天深处、长春仙馆等景目寄托了道家神仙思想；慈云普护、坐石临流、日天琳宇则有佛国意境[一]，可谓融儒、道、释三家之理想于景目中。

（四）历史文化的积淀

景观集称文化中有丰厚的历史文化的积淀。以关中八景为例。关中八景为华岳仙掌、太白积雪、骊山晚照、雁塔晨钟、曲江流饮、草堂烟雾、灞柳风雪、咸阳古渡。其中六景与历史文化密切相关。

1. 华岳仙掌，在华山朝阳峰的悬崖绝壁上，传说是河神巨灵劈山通河留下的手印，北魏郦道元《水经注·河水》有载。它是远古神话传说与景观集称文化融为一体的佳例。

2. 雁塔晨钟，小雁塔建自唐代，唐进士及第者有雁塔题名的风俗，并为后世所仿。清康熙年间将一金代古钟移入寺内，古钟清

72

音荡漾，与名闻四方的小雁塔合为一景。

3. 曲江流饮，曲江池历史悠久，为汉武帝在秦"宜春苑"的故址上开凿而成。曲江流饮起自唐代，凡上巳（三月三）和中元（七月十五）两节日，自帝王将相至商贾庶民均到此游宴流饮。

4. 草堂烟雾，草堂寺位于西安西南约七十里的圭峰山下，建于后秦。印度高僧鸠摩罗什曾在此讲经、译经、校经，为中印文化交流史的名迹。唐代改名栖禅寺，盛极一时。秋冬古寺为轻烟淡雾所环绕，宛若仙境。

5. 咸阳古渡，位于西安西五十里的咸阳城下的渭河上。秦汉渭河上有桥。唐杜甫《兵车行》诗中的"咸阳桥"即此桥。明代架浮桥于此，渔歌夕照，景致迷人。

6. 灞柳风雪，灞桥位于西安城东灞河之上，河岸遍植柳树，春夏风吹飞絮，宛若雪花[二]。灞桥汉代已有，送行至此折柳赠别，有"销魂桥"之称[三]。

（五）水文化特色

山水和园林的名胜景观都离不开水，景观集称文化中，水文化据有重要的地位。以避暑山庄七十二景为例，具水文化特色的景目有：烟波致爽、芝径云堤、濠濮间想、曲水荷香、水芳岩秀、风泉清听、暖溜暄波、泉源石壁、青枫绿屿、金莲映日、远近泉声、云帆月舫、芳渚临流、云容水态、澄泉绕石、澄波叠翠、石矶观鱼、镜水云岑、双湖夹镜、长虹饮练、水流云在、如意湖、青雀舫、水心榭、采菱渡、观莲所、沧浪屿、濒香沜、澄观斋、千尺雪、玉琴轩、知鱼矶、涌翠岩，共33景以水为景观主题，或与水有关，约占72景之半。"山庄以山名，而趣实在水"。乾隆此言道出了避暑山庄园林艺术特点[四]。潇湘八景有六景以水为主题，燕京八景有五景与水相关。西湖十景有七景以水为主题，或与水相关，有浓厚的水文化特色。宋代羊城八景仅"光孝菩提"一景与水无关，其余七景（扶胥浴日、石门返照、海山晓霁、珠江秋色、菊湖云影、蒲涧濂泉、大通烟雨）以海、江、湖、涧、泉、雨为景，表现了广州负山带海的水文化特色。

九　结　语

景观集称文化具有浓厚的中国传统文化特色，自唐代"永州八记"、"相蓝十绝"问世起，至今已历1200余年，发展遍及神州各地，至今仍有

[一] 张家骥：《中国造园史》，黑龙江人民出版社，1986年版，第167～174页。

[二] 邵友程：《古城西安》，地质出版社，1983年版。

[三] 唐寰澄：《中国古代桥梁》，文物出版社，1987年版，第33页。

[四] 张羽新：《避暑山庄的园林用水》，《古建园林技术》1986年2月第11期，第49～54页。

旺盛的生命力。1986年北京推出新十六景^[一]以及广州于1963年、1986年、2002年和2011年四次评选新羊城八景就是明证。其丰富的美学、哲学、历史文化、水文化内涵以及命题构景的手法，对今日的园林景观、城市景观和山水景观设计仍有重要的参考价值。

[一] 李本达等主编：《汉语集称文化通解大典》，南海出版公司，1992年版，第564～565页。

【宋代瓦舍之勾栏形态考述】

——论其与"棚"之关系

胡臻杭·英国建筑联盟建筑学院

摘　要：对建筑史、戏剧史研究具有重要意义的勾栏，其形态的认识依然相当模糊。学界对勾栏与"棚"存在关联性已达共识，但进一步的研究还存在异议。本文尝试跳出既有研究的方法论，以更为宏观系统的历史视角推测了宋代瓦舍中勾栏自滥觞至成熟的演进过程，认为类似于神庙剧场模式的成熟形态的勾栏在宋代十分有可能出现。

关键词：瓦舍　勾栏　形态　棚

瓦舍是宋代城市的市井娱乐中心，勾栏作为演艺建筑是瓦舍最为核心的组成部分[一]。《东京梦华录》卷二"东角楼街巷"条载："街南桑家瓦子，近北则中瓦，次里瓦。其中大小勾栏五十余座。"又《西湖老人繁胜录》"瓦市"条载："惟北瓦大，有勾栏一十三座。常是两座勾栏，专说史书，乔万卷、许贵士、张解元。"《武林旧事》卷之六"瓦子勾栏"条也载："如北瓦羊棚楼等，谓之邀棚，外又有勾栏甚多。北瓦内勾栏十三座最盛。或有路岐，不入勾栏，只在要闹宽阔之处做场者，谓之打野呵，次又艺之次者。"

鉴于勾栏对于建筑史、戏剧史的重要意义，学界对其形态存在着广泛的讨论。但由于文献的有限及实物的不存，目前对于其形态的认识依然相当模糊。有关的最为直接的线索是：其与"棚"存在某种关联。《东京梦华录》卷二"东角楼街巷"条载："街南桑家瓦子，近北则中瓦，次里瓦。其中大小勾栏五十余座。内中瓦子、莲花棚、牡丹棚、里瓦子、夜叉棚、象棚最大，可容数千人。"卷五"京瓦伎艺"条载："崇、观以来，在京瓦肆伎艺张廷叟、孟子书主张。小唱：李师师、徐婆惜、封宜奴、孙三四等，诚其角者。……文八娘，叫果子。其余不可胜数。不以风雨寒暑，诸棚看人，日日如是。"《西湖老人繁盛录》"瓦市"条载："惟北瓦大，有勾栏一十三座。常是两座勾栏，专说史书，乔万卷、许贵士、张解元。背做莲花棚，常是御前杂剧。……"

[一] 胡臻杭：《南宋临安瓦舍空间与勾栏建筑研究》，东南大学硕士学位论文，第7～12页。

勾栏与"棚"的关联性在学界已达成共识，然而进一步的推论，却众说纷纭。一些学者认为勾栏是整体被棚覆盖的，另一些学者则认为勾栏仅局部设有棚屋，还有一些学者意识到勾栏的多样性，认为不可一概而论[一]。诸学者各执一词，却无法达成明确一致的结论。综合考量，笔者认为第三种观点尽管比较保守，却应是相对客观的[二]。但如果仅满足于这样一个结论，这一问题事实上并未能得到很好的解决。笔者亦曾执著于对诸学者观点进行辨析，然而未能在既有成果上有所突破。

笔者最终意识到之所以学者之间颇有争论却无法得到明确的结论或在于这些讨论在方法学上存在根本的弱点。一些学者过于依赖对于个别史料的考辨与推想[三]，而目前涉及这一问题的史料是极其有限的，且不论史料表述的多义性，即便有足够确凿的证据证明每一文献中勾栏设棚的方式，鉴于勾栏的多样性，我们也没有办法推而广之，对于勾栏与棚的关系作出一个明确的总结。另一些学者尝试用一种宏观的思维对这一问题加以探讨[四]，然而却缺乏系统性，以至于由于其所取建筑范本的不同，所得结论也是相互矛盾的。本文将尝试跳出对诸学者观点的辨析，而通过对勾栏形态演进方式的推想，以一种更为宏观系统的历史视角来审视勾栏与"棚"的关联性。

为了探究这一问题，我们有必要先明确宋人概念中"棚"的形式。查阅"爱如生"中国基本古籍库共搜得宋代文献中涉及"棚"字1000处。虽存在通假、遗漏、误抄、佚失等情况，后代文献中亦会引用宋代文字，但相信这1000处应足以覆盖宋人概念中"棚"的含义。

通过梳理这些文献，笔者认为宋代的"棚"是指以竹木为主要材料，通过绑扎形式搭建的临时性建筑[五]。首先阐述"棚"之材料，其多用竹木。如《守城录》卷一载："墙里近下，以细木盖一两架瓦棚，可令受御人避寒暑风雨。"[六]《诸蕃志》载："屋宇以竹为棚，下居牧畜人。"[七]《岁时广记》载："京师人七夕以竹或木或麻、编而为棚。"[八]又《东京梦华录》载："开封府绞缚山棚，立木正对宣德楼。"[九]其次，"棚"多以绑扎形式搭建，文献中多出现"绞"、"结"、"缚"等字样。上文所引《东京梦华录》"开封府绞缚山棚"即是一例。又如《避戎夜话》载："又于攻打处绞缚致胜棚，一日而就。"[一〇]《涑水记闻》载："乃命于城外十里结彩棚以待之。"[一一]《营造法式》亦载："编道九分功（如缚棚阁两层以上，加二分功）。"[一二]

"棚"又主要分为两类。一类以遮蔽为主要目的，这一意义与今人所理解的棚比较相近。如上文所引，《守城录》载"墙里近下，以细木盖一两架瓦棚，可令受御人避寒暑风雨。"《诸蕃志》载："屋宇以竹为棚，下居牧畜人。"[一三]又如《舆地纪胜》记载："（父老）求薪累为棚，坐其中，自举燧火解而化，年九十有七。"[一四]《梦林玄解》"凉棚"条曰："男梦纳凉于棚下，主安闲喜庆，患去病痊。"在许多宋画中我们可以看到

这类棚的形象（图1）。

　　另一类棚旨在提供多层的承载空间，意义与上一种有别，其形态可能是具有一定高度的阁架状构筑物。比较典型的这种棚是上文提到的《营造法式》中的"棚阁"，乔迅翔对其定义为

图1　［宋］李氏《焚香祝圣图》（局部）（图片来源于台北故宫博物院：《宫室楼阁之美——界画特展》，2000年版，第32页）

[一]　由于宋代文献的匮乏，这些讨论多有借助金元史料。廖奔引陶宗仪《南村辍耕录》"勾栏压"篇进行分析，认为其中所涉及的"棚屋"暗示出勾栏是整体被棚覆盖的，张家骥也持相同的看法。与之不同，吴晟却认为该处的"棚屋"也可能只是指勾栏的局部——腰棚或神楼（即看席）。而对于另一则史料《庄家不识勾栏》，张家骥和李纯均倾向于认为其所描述的勾栏并不是整体设棚。李纯则从技术的角度认为勾栏不可能整体被棚覆盖，不过这一观点遭到孟子厚的反驳。周华斌和景李虎基于现存剧场的形态在这一问题进行推断。周华斌认为宋元以来剧场形态变化不大，其基于明清戏园认为勾栏是整体由棚覆盖的。而景李虎则基于勾栏由神庙剧场演变而来这一假设，认为勾栏的格局基本如同神庙剧场，并不存在整体的棚盖。以上观点均存在一定合理性，但却无法彼此说服。吴晟认为勾栏具有多样性，关于勾栏设棚这一问题不能一概而论。（廖奔：《中国古代剧场史》，中州古籍出版社1997年版，第48～49页、第51页；张家骥：《中国建筑论》，山西人民出版社，2004年版，第257页、第259页；吴晟：《瓦舍文化与宋元戏剧》，中国社会科学出版社，2001年版，第32～34页；李纯：《千年遗韵话勾栏》，《中国典籍与文化》，2000年第3期；孟子厚：《宋代"勾栏"声学特性考证》，《艺术科技》2004年第4期；周华斌：《中国古戏楼研究》，《民族艺术》1996年第2期；景李虎：《神庙文化与中国古代剧场》，周华斌、朱联群主编《中国剧场史论（上卷）》，北京广播学院出版社，2003年版，第292～297页。）

[二]　笔者认为，勾栏的形态不可一概而论，而是根据表演的内容、所属区位以及经营管理的不同呈现出多样性。（胡臻杭：《南宋临安瓦舍空间与勾栏建筑研究》，东南大学硕士学位论文，第25～27页。）

[三]　如注［一］所及对于《南村辍耕录》"勾栏压"篇及《庄家不识勾栏》的解读。

[四]　如注［一］所及周华斌与景李虎之观点。

[五]　不指建筑的特例有二：一是"山棚"，有一含义指唐代东都附近一部族，赵彦卫《云麓漫钞》卷三载："唐之东都连虢州多猛兽，人习射猎而不耕蚕，迁徙无常俗呼为山棚。"二是《营造法式》中"地棚"，卷六载："造地棚之制：长随间之广，其广随间之深。高一尺二寸至一尺五寸。下安敦　。中施方子，上铺地面版。其余件广厚，皆以每尺之高，积而为法。"梁思成注曰："地棚是仓库内架起的，下面不直接接触土地的木地板。"（梁思成：《梁思成全集》第七卷，中国建筑工业出版社，2001年版，第189页。）笔者认为，虽然地棚不属建筑，但形象仍然与作为建筑的"棚"存在关联性，抑或为"棚"的引申词汇。

[六]　［宋］陈规：《守城录》卷一。

[七]　［宋］赵汝适：《诸蕃志》卷下"海南"条。

[八]　［宋］陈元靓：《岁时广记》卷二六"乞巧棚"条。

[九]　［宋］孟元老：《东京梦华录》卷六"元宵"条。

[一〇]　［宋］石茂良：《避戎夜话》卷上。

[一一]　［宋］司马光：《涑水记闻》卷七。

[一二]　［宋］李诚：《营造法式》卷二四"竹作"条。

[一三]　［宋］赵汝适：《诸蕃志》卷下"海南"条。

[一四]　［宋］王象之：《舆地纪胜》卷四三"仙释"条。

"带有工作面的脚手架。"（图2）[一] 又如《守城录》载："规即时令人于城上照贼填壕处相对用大木置起战棚一座，上下两层，其上横铺大木三重。"《攻媿集》所载"道中有一晒尸棚，其俗行有死者不埋，立四木高丈余为棚，其上以荆棘覆其尸，以防鸱枭狗鼠之害"[二] 亦属此类。又如《麈史》记载范纯仁测量材木的方法，生动地揭示出了棚的形象："公乃设棚于县宇之前，致榻于棚上，公据棚，下瞰。使民听唱名而前，拥木以立，遂令过，人莫之晓，盖于棚潜有寻尺之度，以视其短长也。由是吏、胥、匠无一高下其手，而民无所用赂。"[三]

在搞清楚了宋代"棚"的意义之后，有必要辨别与"勾栏"存在这种关联的"棚"究竟属于哪一类。《东京梦华录》卷五"京瓦伎艺"条描写了当时的盛况"不以风雨寒暑，诸棚看人，日日如是"[四]。比对两种"棚"的含义，笔者认为前者与语境更为相合。

下面来看勾栏与"棚"的关联是如何发生的。勾栏依托于瓦舍，要搞清楚这一问题，我们应回溯至瓦舍兴起之年代。而关于瓦舍始设于何时，连南宋的耐得翁和吴自牧都"不知起于何时"[五]。目前所见最早的瓦舍勾栏的记载似乎只见于北宋东京，可资考证的史料只有《东京梦华录》一种。据该书卷五记载"崇、观以来，在京瓦肆伎艺张廷叟、孟子书主张"，北宋东京瓦舍的形成应在崇宁、大观年间（1107～1110年）之前[六]。廖奔还据《东京梦华录》中出现的瓦舍艺人"丁先现"，考其生平，推测东京瓦舍兴起的下限是在宋神宗熙宁年间

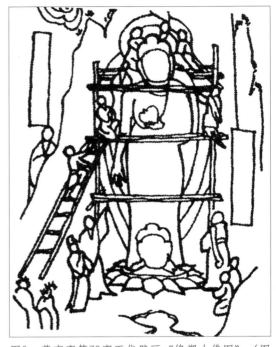

图2 莫高窟第72窟五代壁画《修塑大佛图》（图片来源于乔迅翔：《宋代营造技术基础研究》，东南大学博士论文，第123页）

（1068～1077年）以前[七]。至于上限，学者一般认为，东京瓦舍的兴起与里坊制的打破有关，唯有里坊制的打破才使得以提供演出商业活动为主的瓦舍在空间与时间上成为可能[八]。而东京里坊制的废除时间，目前尚无定论。加藤繁认为东京里坊志在崩坏的时间在宋仁宗庆历、皇祐二纪（1041～1054年）以后[九]。梅原郁怀疑五代初年坊制就不存在了[一〇]。刘淑芬认为在五代以后东京就再没有回复起唐代长安、洛阳那样的规模与制度[一一]。杨宽则认为北宋初年东京居民已面街而居[一二]。戏剧学界一般采用加藤繁的观点[一三]。

"勾栏"一词在文献中出现十分有限，

所能提供的线索仅仅是其与"棚"存在关联，与"勾栏"相近的"勾肆"一词颇值得关注。《东京梦华录》卷三："处处拥门，各有茶坊、酒店、勾肆、饮食。"又如卷八"中元节"条："构肆乐人，自过七夕，便般目连救母杂剧，直至十五日止，观者增倍。"[一四]由于"勾栏"与"勾肆"字面相近，并且同具有市井休闲、艺人作场的职能，一些学者认为"勾肆"是"勾栏"的另一称谓[一五]。笔者以为，就有限的材料来看，"勾栏"与"勾肆"恐怕未必指同一物[一六]，但作为探索勾栏形式的需要，"勾肆"也是不可放过之线索。

《东京梦华录》和"金明池夺标图"（图3）为我们提供了关于"勾肆"文献和图像上的对比。《东京梦华录》卷七"三月一日开金明池琼林苑"记载：

[一] 这两种棚也可能以相结合的方式存在，参见图8、图9。

[二] [宋] 楼钥：《攻媿集》卷一一一。

[三] [宋] 王得臣：《麈史》卷上"惠政"。

[四] [宋] 孟元老：《东京梦华录》卷五"京瓦伎艺"条。

[五] [宋] 灌圃耐得翁：《都城纪胜》"瓦舍众伎"条；[宋] 吴自牧：《梦粱录》卷一九。

[六] 吴晟：《瓦舍文化与宋元戏剧》，中国社会科学出版社，2001年版，第25～26页。

[七] 廖奔：《中国古代剧场史》，中州古籍出版社，1997年版，第42页。持同样观点的还见于赵晓涛、刘尊明：《"教坊丁大使"考释》，《学术研究》，2002年第9期。笔者注：据以上研究，丁仙现为教坊使至迟在熙宁二、三年间（1069～1070年），而入教坊自更在此前。在崇宁五年（1106年），蔡京首次罢相之前丁先现仍然任过一段时间教坊使，这一信息的相关轶事是丁先现在文献中的最后一次出场。学者认为，丁先现主要活跃在神宗熙宁至徽宗崇宁这数十年间。他本为"伶人"，以擅长乐舞戏谑表演而被任命为教坊使，其在瓦舍演出的时段自在进入教坊之前。

[八] 廖奔：《中国古代剧场史》，中州古籍出版社，1997年版，第41～42页。吴晟赞同此观点。吴晟：《瓦舍文化与宋元戏剧》，中国社会科学出版社，2001年版，第26页。

[九] 加藤繁：《宋代都市的发展》，《中国经济史考证》第一册，商务印书馆，1959年版，第258页。

[一〇] 梅原郁：《宋代开封与都市制度》，转引自郭黛姮：《中国古代建筑史》第三卷，中国建筑工业出版社，2003年版，第34页注[22]。

[一一] 刘淑芬：《中古都城坊市的崩解》，《大陆杂志》第28卷第1期，转引自郭黛姮：《中国古代建筑史》第三卷，中国建筑工业出版社，2003年版，第34页注[22]。

[一二] 杨宽：《中国古代都城制度史研究》，转引自郭黛姮：《中国古代建筑史》第三卷，中国建筑工业出版社，2003年版，第34页注[22]。

[一三] 廖奔：《中国古代剧场史》，中州古籍出版社，1997年版，第42页；吴晟：《瓦舍文化与宋元戏剧》，中国社会科学出版社，2001年版，第26页。

[一四] 明代一些文献中的勾肆似乎指代一种较为成熟的建筑形式，有戏房存在："构肆中戏房出入之，所谓之：鬼门道。言其所扮者皆已往昔人，出入于此，故云鬼门"（[明] 臧懋循：《论曲》"丹丘先生论曲"条）。

[一五] 廖奔：《中国古代剧场史》，中州古籍出版社，1997年版，第40页。

[一六] 胡臻杭：《南宋临安瓦舍空间与勾栏建筑研究》，东南大学硕士学位论文，第12页。

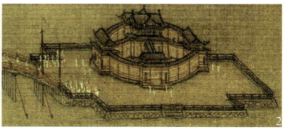

图3 [宋] 张择端《金明池夺标图》

　　入池门内南岸，西去百余步，有面北临水殿，车驾临幸，观争标锡宴于此。往日旋以彩幄，政和间用土木工造成矣。又西去数百步，乃仙桥，南北约数百步，桥面三虹，朱漆阑楯，下排雁柱，中央隆起，谓之"骆驼虹"，若飞虹之状。桥尽处，五殿正在池之中心，四岸石甃，向背大殿，中坐各设御幄，朱漆明金龙床，河间云水，戏龙屏风，不禁游人，殿上下回廊皆关扑钱物饮食伎艺人作场，勾肆罗列左右。桥上两边用瓦盆，内掷头钱，关扑钱物、衣服、动使。游人还往，荷盖相望。桥之南立棂星门，门里对立彩楼。每争标作乐，列妓女于其上。门相对街南有砖石驼砌高台，上有楼观，广百丈许，曰宝津楼，前至池门，阔百余丈，下阚仙桥水殿，车驾临幸，观骑射百戏于此。池之东岸，临水近墙皆垂杨，两边皆彩棚幕次，临水假赁，观看争标。街东皆酒食店舍，博易场户，艺人勾肆，质库，不以几日解下，只至闭池，便典没出卖。北去直至池后门，乃汴河西水门也。其池之西岸，亦无屋宇，但垂杨蘸水，烟草铺堤，游人稀少，多垂钓之士，必于池苑所买牌子，方许捕鱼，游人得鱼，倍其价买之，临水炸脍，以荐芳樽，乃一时佳味也。

　　由文字中对方位的描述，结合绘画，我们可以得到文中"殿上下回廊皆关扑钱物饮食伎艺人作场，勾肆罗列左右"对应的是图3-1的场景。而所谓"街东皆酒食店舍，博易场户，艺人勾肆，质库，不以几日解下，只至闭池，便典没出卖"对应的大致是图3-2的场景。位于皇家御苑金明池中这两个位置的"勾肆"显然不适宜以永久性的建筑形态存在，相反，应该是临时性的。有理由推测，这里的"勾肆"可能比较接近勾栏的雏形。首先，其内容与勾栏内容相吻合，均是艺人作场。其次，这里"勾肆"的临时性质与勾栏滥觞之时（里坊制将破未破之时）的临时性质相一致[一]。

在承认以上假设的基础上，不妨观察"金明池夺标图"，以期得到勾肆的形象。可以发现，在池之东岸设有三处棚式建筑，从文献描述来看其既有可能是所谓的博弈场户、艺人勾肆，亦有可能是观看争标的彩棚。由于得不到足够清晰的图片，我们没有办法对其中人物的身份与活动作进一步的判断，不过这并不妨碍我们受其形态的启发，对勾栏形态的发展过程作一些推想。注意到图中的方形彩棚，它具备勾栏雏形的几个性质：第一，其是一类简易的临时建筑，可以快速搭建与拆卸，这一点比较符合勾栏滥觞之时其没有完全合法化的性质。第二，它是以"棚"的形式出现的，这点与勾栏被称为"某某棚"的意义相合。第三，其出现了一定的围合性，这一点与勾栏名称中"栏"的意义相吻合。

基于以上特点，笔者尝试对勾栏的初创形成过程作一种可能的推断：从围合性上说，勾栏经历了从不围合到半围合，直至全围合的过程。最初城市中并没有固定的演出空间，艺人演出是以一种"打野呵"[二]的形式存在的，"清明上河图"中描绘了一处这样的场景（图4）。后来为了强调演出空间，需要通过某些空间限定方式（如画线、拉绳索、布桌椅等），将演出区域和观众区域区分开来。如《新雕皇朝类苑》载："（党进）过市，见缚栏为戏者，驻马问：'汝所诵何言？'优对曰：'说韩信。'进大怒曰：'汝对我说韩信，见韩即当说我。此三面两头之人。'即命杖之。"[三]进一步发展，为便于收费，又需要将观众与路人相区分，于是在演艺区之外又加上一道围合，将付费观众包裹在内，这道围合有可能进一步发展，通过高度、搭建方式的调整在封闭性上趋于加强。从遮蔽性上说，勾栏的重要

[一] 北宋东京曾发生数次官方对"侵街"现象的制止，这正反映了里坊制将破未破之时的情况。所谓"侵街"，即占用临街地段营建房廊、邸店，以致街衢狭窄难行。参见郭黛姮：《中国古代建筑史》第三卷，中国建筑工业出版社，2003年版，第20～21页。笔者认为，侵街现象源于富余的商品和匮乏的商业空间的矛盾。勾栏作为出卖演出商品的空间，应该也存在这种矛盾。在其滥觞之时，尚未完全合法化，因而建筑应是临时性质的。

[二]《武林旧事》卷六"瓦子勾栏"条载："或有路岐，不入勾栏，只在要闹宽阔之处做场者，谓之'打野呵'，此又艺之次者。"

[三] [宋] 江少虞：《新雕皇朝类苑》卷六四"党太尉"条。

图4 [宋] 张择端《清明上河图》中的"打野呵"

图5 [宋] 张择端《清明上河图》中的算命场景

性质之一就是基本不受季节、天气的影响，所谓"不以风雨寒暑，诸棚看人，日日如是。"[一]棚的出现可能就是为了应对天气的问题。《搜神秘览》记载了一处街头方技表演："……翁曰：'尔安得也？'仆言：'某无他，能有小术可以致之。愿于市廛中，僦一棚栏，市好纸二千，笔砚、剪刀、瓦缶、荔菱各一。'乃为置之。明辰，与主翁妇俱往，坐棚栏中。仆但以刀裂割纸幅，日将千，寂无观者。一二浮薄辈而来嗤之。仆乃剪一纸人，以气吹行，且戒之曰：'尔于州首招提中上刹竿坐。'纸人即腾空而往，高人丈尺间耳。嗤者随去，果如其言，莫不惊骇。……"[二]这段文献中表演的场所谓之"棚栏"，顾名思义，大概是在围合的基础上又设有棚。这种用于表演的棚不同于一般买卖的浮棚，消费者需要较长时间停留，最为合理的方式是将艺人和观众一同覆盖在内。《清明上河图》中几处算命的场景为我们展示了这种"棚栏"的形式（图5），可以看到凳子以一种围合之势摆放在棚的四周，顾客围坐其上，而棚中的算命人侃侃而谈，其形式是和说话艺术[三]相一致的。

然而，上述的"棚栏"只适合人数较少的小型的观演空间，而若要容纳大量的观众（如《东京梦华录》载："内中瓦子、莲花棚、牡丹棚、里瓦子、夜叉棚、象棚最大，可容数千人"[四]），就必须将观演空间在此基础上进行扩大。扩大的方式有两种：一种是将棚单体进行扩大，由小型棚变为大型棚，依然在棚四周设围合；另一种是将艺人和观众分别用棚遮蔽，其中由于观众众多，可有数个棚为观众服务，然后扩大调整棚的间距，以期达到较好视线，最后用一道围合将所有的棚包裹在内。这两种变化的方式如图6所示。

上图中所表示的人数只是示意性的，在

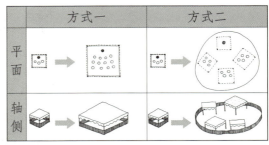

图6 观演空间扩大的两种方式
（笔者自绘）

图例
○观众
●艺人

实际情况中，一场繁闹的商业演出，其观众有可能达到数百乃至上千人。以这样的观众规模，对这两种演变方式的可行性加以分析。姑且取500～1000名观众进行估算，按每人占用面积0.5平方米计，观众空间至少需要250～500平方米，再加上艺人以及交通空间，保守估算以50平方米计，则一个容纳500～1000名观众的勾栏，其面积约在300～550平方米之间。如果该勾栏参照第一种方式，以一个大型棚的方式存在，并且假设棚的形状为正方，则边上约为17～23米。在《金明池夺标图》中我们可以看到类似规模的一座彩棚（图7），说明这样一种方式在宋代是可能出现的。如果该勾栏参照第二种方式，从技术上说不存在什么问题，只需设置足够数量的观众棚即可，棚与棚之间的空间在必要时亦可容纳观众。从明清的古画中我们可以见到这样的场景（图8、图9）。尽管缺乏宋代的直接的图像资料，但有理由相信，宋代出现这样的观演场所，并非什么难事。《鸡肋编》

图7 [宋] 张择端《金明池夺标图》中的大型彩棚

图8 明人《南中繁会图》（局部）

图9 [清] 刘阆春《农村演剧图》（局部）

[一] [宋] 孟元老：《东京梦华录》卷五"京瓦伎艺"条。

[二] [宋] 章炳文：《搜神秘览》中"方技"条。

[三] 包括说史书、小说、合生、说经、背商谜、说诨话、学乡谈等。

[四] [宋] 孟元老：《东京梦华录》卷二"东角楼街巷"。

记载："初开园日，酒坊两户各求优人之善者，较艺于府会，以骰子置于合子中撼之，视数多者得先，谓之'撼雷'。自旦至暮，唯杂戏一色。坐于阅武场，环庭皆府官宅看棚。棚外始作高凳，庶民男左女右，立于其上如山。"[一]该文描述的应该就是类似的情况。由以上分析可以看出，两种方式的"勾栏棚"在宋代都是可能出现的。

不过，宋代勾栏却未必全是以这种简易临时的"棚"的形态存在的，一些很可能已演变为规整固定的建筑。以南宋临安为例，首先，临安的瓦舍已经形成了十分固定的区域，牢固地镶嵌在城市肌理中，依托街巷存在[二]。勾栏存在于这样固定的瓦舍区域中，甚至数量都是相当稳定的，《西湖老人繁胜录》[三]和《武林旧事》[四]成书年代相距八十年以上，却一致记载临安北瓦有勾栏十三座[五]。其次，《清明上河图》显示，城内建筑已经具备相当规整的法度，而该图所描绘的仅仅是北宋东京城市次干道的情况。临安城内五瓦均设在城市干道附近，尤其是南瓦、中瓦、北瓦更是位于城市一级干道御街的两侧，如果其中的建筑大量以一种简易棚的方式存在，是不甚合理的。以上

图10　北京琉璃厂安徽会馆剧场剖面图[六]

线索均暗示出宋代至少有一些勾栏已经由临时性的"棚"的形式演变成了规整固定的建筑。如果其中的一些仍以"棚"相称，可能仅仅是名称的沿用，所反映出的是其与原型的关系。

为了进一步论证以上推论，笔者尝试推导的可容众多观众的两种"勾栏棚"能否顺利地演进到固定建筑的形式。就方式一而言，又可以分为两种方法：一种是搭建一座具备该规模并由单一屋顶覆盖的固定建筑，另一种是用若干个小的建筑单元体相接拼合，营造一个大且完整的室内空间（如"勾连搭"）。第一种方法实际上是建造殿堂或厅堂。一座进深、面阔方向长20米左右的殿堂或厅堂在宋代已可谓规模可观。试举几例加以比较，少林寺初祖庵大殿11.14×10.70米[七]，宁波保国寺大殿宋构部分平面尺寸11.92×13.35米[八]，角直保圣寺大殿平面尺寸12.95×13.05米[九]，南宋临安径山寺法堂平面尺寸31.2×29.9米[一〇]，南宋大内垂拱殿主殿平面尺寸26.38×18.84米[一一]。由此可见，市井勾栏如果采用这样的形制和规模是不甚合理的。而第二种方法是采用"勾连搭"的方式。清代戏园大量采用这样的方式将观演场所整体地覆盖起来（图10）。检视宋画，这样以"勾连搭"形式营造大型空间的情况并不多见。尽管南宋马远的《华灯侍宴图》描绘了一处"勾连搭"的使用（图11），但比较两部分建筑，在面阔相等的情况下，进深和高度却相差甚远，这让我们联想，靠近入口的这部分建筑也许仅仅是作为檐廊而存在，这

和清代戏园的意匠仍然是有差别的。到目前为止，宋代是否存在以"勾连搭"的形式营造大型室内空间的情况还没有明确的证据。

就方式二而言，由简易临时的棚演变成规整固定的建筑似乎不会碰到什么壁垒。中国传统的院落就非常符合这样一种模式，并为这种演变提供了很好的范式。一种与勾栏在功能上最为接近的建筑意向就是神庙剧场（图12）。

图11　[宋] 马远《华灯侍宴图》（局部）

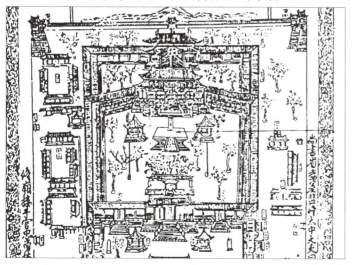

图12　河南登封市中岳庙金承安庙貌图碑（局部）（图片来源于廖奔：《中国古代剧场史》，中州古籍出版社，1997年版，附图第1页）

[一] [宋] 庄绰：《鸡肋编》卷上。

[二] 胡臻杭：《南宋临安瓦舍空间与勾栏建筑研究》，东南大学硕士学位论文，第34～41页、第63～64页。

[三] 约成书于宋宁宗庆元年间(1195～1200年)。跋曰："老人生世当先于耐得翁也。其书当成于耐得翁之前。"《都城纪胜》著者耐得翁，序称成书于宋理宗端平二年 (1235年)。又周贻白《中国戏曲发展史纲要》："按《繁胜录》一书，著者西湖老人，系南宋中叶人，虽无由知其姓名及生年，但《繁胜录》中有'庆元油禁'语。庆元系宋宁宗赵括年号 (1195～1200年)，则其生年当即此时期前后，其时虽距赵构南渡（1127年）已有七十年左右，但诸事皆系目睹，当较宋亡后钞撮成书，如《梦粱录》、《武林旧事》之类为可据。……故《繁胜录》所记，正为南宋建都临安后最盛时期。"

[四] 作者周密生卒年代：1232～1298年，学者据内容考证，约成书于1279年南宋亡至1290年间。

[五] [宋] 佚名：《西湖老人繁胜录》"瓦市"条。[宋] 周密：《武林旧事》卷六"瓦子勾栏"条。

[六] 图片来源于《中国大百科全书　戏曲曲艺卷》，转引自廖奔：《中国古代剧场史》，1997年版，附图第60页。

[七] 郭黛姮：《中国古代建筑史》第三卷，中国建筑工业出版社，2003年版，第406页。

[八] 张十庆：《中国江南禅宗寺院建筑》，湖北教育出版社，2002年版，第108页。

[九] 同注 [八]。

[一〇] 张十庆：《南宋径山寺法堂复原探讨》，《文物》2007年第3期。

[一一] 据 [宋] 李心传：《建炎以来朝野杂记》乙集卷三"垂拱崇政殿"条，垂拱殿面阔八丈四尺，进深六丈。

图13　湖南庙台演出场面（图片来源于《中国戏曲志·湖南卷》，文化艺术出版社，1990年版，彩页）

86

在宋代的神庙剧场中，艺人常常在露台上进行演出，而露台往往设有乐棚，如《东京梦华录》卷八"六月六日崔府君生日、二十四日神保观神生日"条载："作乐迎引至庙，于殿前露台上设乐棚，教坊钧容直作乐，更互杂剧舞旋。"学者一般认为，后世的戏台就是由乐棚逐渐固定于露台发展而来的[一]。而对于观众空间来说，神庙院落的两廊或厢房很自然地被作为看席。尽管没有宋代神庙演出的图像资料，不过后世的神庙剧场也足以帮助我们想象宋代神庙演出的盛况以及建筑利用方式（图13）。

综上所述，学界对于勾栏形态的探讨由来已久，其中勾栏与"棚"存在关联性已达共识，但进一步的问题诸如"勾栏是否设有棚，如果是，是局部设有棚，还是整体被棚覆盖"一直未得到很好的解答。这一疑点成为了目前探索勾栏形态的一大瓶颈。本文尝试跳出既有研究的方法论，以更为宏观系统的历史视角推测了宋代瓦舍中勾栏自滥觞至成熟的演进过程。这一工作的效用在于摆脱了目前对单一文献分别解读[二]所带来的模糊性及矛盾性等种种弊端，并将勾栏的多样性统一于历史的脉络之下，从而有效地将勾栏设棚的问题转化为更为直接的建筑历史问题（如"宋代是否出现通过'勾连搭'营造大空间的模式"等），为现有的疑点提供了新的解答途径。就勾栏的形态而言，笔者认为宋代勾栏存在由简易临时的棚向规整固定建筑演化的一个过程，立足于任何一个时间节点，这一梯度上的各种形态都是有可能并存的。不过就成熟形态的勾栏而言，笔者认为类似神庙剧场的模式在宋代十分有可能出现，而类似于明清戏园的整体遮蔽形式则取决于宋代用"勾连搭"营造大空间的普及程度。

[一] 廖奔：《中国古代剧场史》，中州古籍出版社，1997年版，第21～24页；罗德胤：《中国古代戏台建筑》，东南大学出版社，2009年版，第24～25页。

[二] 详见第77页注[一]。

【上海近代历史建筑外墙类型与特点初探】[一]

宿新宝·上海现代建筑设计（集团）有限公司历史建筑保护设计研究院

摘　要：本文以实证调研、文献整理为基本手段，对上海近代历史建筑外墙进行初步分类，并就其材料、工艺、沿革等进行分析论述，以期为上海历史建筑的认知和保护提供参考与借鉴。

关键词：上海近代历史建筑　外墙　类型　特点

[一] 基金项目："十一五"国家科技支撑计划项目（2006BAJ03A07—08）。

上海开埠以来建成了数量众多、类型丰富的近代历史建筑，成为当代上海重要的历史文化遗产。外墙作为历史建筑艺术与技术最直接的体现，其类型与特点是建筑个性的直观写照。

外墙可根据受力、材料、构造方式等多种方法进行分类，由于饰面是立面特点的直接反映，也是外墙保护的重要内容，本文拟以外墙饰面为分类依据，对上海近代建筑常见外墙类型和特点进行概述。

87

一　清水砖外墙

清水砖墙是指采用砖砌材料且砖面直接作为饰面的外墙做法。

砖墙在我国历史悠久，开埠前地方工匠已经掌握砖石砌筑工艺；另一方面，近代西方建筑风格和技术的引进，又对砖的制作与砌筑方式产生影响，上海近代清水砖建筑正是在此环境下形成了自身的特点。

（一）历史概述

开埠以前，上海本土所用的砖主要是手工制作的土坯砖和青砖，且尺寸也不同于欧洲红砖，多采用错缝全顺、多顺一丁砌筑或空斗砌筑，表面清水或粉刷。建筑以梁柱承重，墙体一砖或一砖半厚。

随着上海的开埠，砖墙的材料与砌筑方式逐步发生了变化。"开埠最初的西式建筑多用土坯砖砌筑，外面覆以白色的灰泥或粉刷"[二]，墙体非常厚实；19世纪50年代后期，券廊式的墙体仍多采用"比欧洲系的红砖要薄得多的中国传统青砖，墙体外抹灰膏"[三]（图1），清水砖墙仍未得

[二] 郑时龄：《上海近代建筑风格》[M]，上海教育出版社，1999年版，第88页。

[三] 藤森照信：《外廊样式——中国近代建筑的原点》[C]，汪坦、张复合主编：《第四次中国近代建筑史研究讨论会论文集》，中国建筑工业出版社，1993年版，第26页。

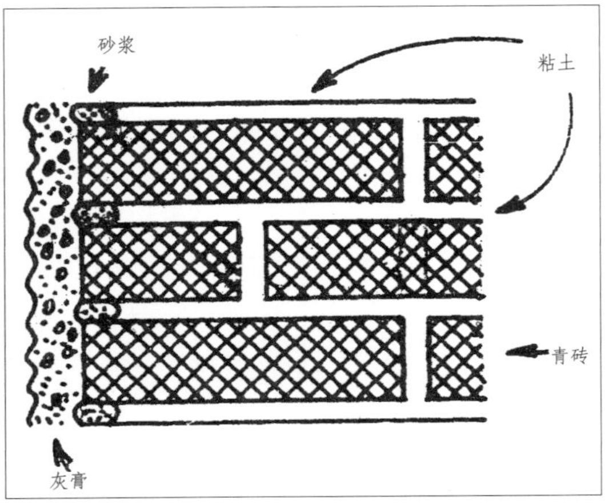

图1　早期清水砖墙外覆灰膏做法示意（引自《外廊样式——中国近代建筑的原点》）

到使用和推广。

19世纪60年代开始，受到维多利亚时代建筑风格的影响，欧洲红砖也进入了上海。据L. C. Johnson考证，上海生产欧洲式红砖始于1858年[一]，中国青砖在尺寸上也开始转向与红砖形同。19世纪80年代至20世纪初期，在安妮女王复兴风格的影响下，清水砖做法成为洋派和时髦先进的代表，加之砖木工艺更易为上海地方工匠所掌握，清水红砖外墙的建筑在上海得到兴建和流行，上海西式建筑进入一个以清水砖墙为主要特征的发展阶段。随之也带来了近代制砖业的大力发展，民族资本在上海及周边地区兴办砖瓦制造厂，形成了全国最为发达的砖瓦制造业中心，至20世纪20年代制砖业已基本实现了由手工生产向机械化制造的转变。成熟的制砖技术与充足的材料又为大量清水砖建筑的兴建提供了物质支持。

但随着20世纪初期钢筋混凝土的登场和西方古典主义建筑风格的渗透，清水砖墙也渐渐退出了大型公共建筑的领域，而只是在少量住宅建筑中得以沿用，并渐渐式微。

（二）建筑类型

清水砖外墙在近代建筑外墙诸类型中占有重要的地位，所涉及的建筑类型包括了居住建筑、教会建筑、早期洋行、医院等公共建筑。

现存最多的清水砖墙建筑是居住建筑，并以里弄住宅为主。这些建筑多采用砖木结构，所使用的砖块青、红砖皆有，大多以青砖为主，有些则青砖墙面饰以红砖腰线；墙身腰线、台口、窗盘、门窗头线等线脚采用铁刨将砖块刨出线脚后砌筑，形成装饰。

清水砖应用的另一建筑类型是教会建筑，如1869年建成的圣三一堂，室内外均为清水红砖墙面，俗称"红礼拜堂"；又如邬达克设计的沐恩堂，采用清水红砖砌筑，并在砌筑中通过部分砖块凸出墙面形成光影效果（图2）。

此外，由于在开埠早期，主导的建筑风格如殖民地外廊式、女王复兴式皆以清水砖为特色，清水砖被视为洋派身份的体现而得到社会认同与追捧，从而在公共建筑中得以推广，如洋行、医院、学校、厂房等。如北京东路益丰洋行大楼（图3），建筑主立面充分利用清水砖砌筑拱券、平拱、线脚等实现丰富装饰效果；又如淮海路法租界公董局大楼，红砖砌筑，勒脚、窗口等处采用仿石做法。

（三）砌筑特点

开埠初期，红砖主要依靠进口或少量本地生产，价格高于青砖；同时红砖又作为新进舶来品受到社会追捧，在此双重因素影响下，部分建筑外墙采用了青红砖混砌的方式：

一类外墙以青砖砌筑为主，饰以红砖水

平腰线或窗套等装饰，多见于里弄民居之中；另一类则仅在外墙最外一皮采用红砖，而墙体内部则以青砖砌筑，建筑室内隔墙、砖柱等也由青砖砌筑。

从墙面砌筑的立面效果看，上海开埠后逐步引用了西方清水砖墙的砌筑方式，其中又以英式砌法与哥特式砌法两种为主（图4）。

英式砌法的排列方式为隔排顺砌、隔排丁砌，如圣三一教堂、摩西会堂、益丰洋行等；哥特式砌法，也称荷兰式砌法，称俗"梅花丁"，排列方式为丁顺相间，上下排之间错缝砌筑。哥特式砌法在上海近代建筑中极为常见，如世博村A地块近代保护建筑群外墙等。

除规整的墙面砌筑外，清水砖建筑也通过带有线脚的砖块实现装饰效果，常见的装饰部位有墙身腰线、窗套、檐口等。这些装饰砖多由专业技师砍砖、打磨制作，复杂线脚则采用铁刨刨出线脚后再进行砌筑。

此外，勾缝变化也是清水砖墙表达差异性的方式，常见的勾缝形式有

［一］据 Linda Cooke Johnson, Shanghai From Market Town to Treaty Port,1074 ～ 1858,251 记述，上海生产红砖始于 1858 年；而据何重建《上海近代营造业的形成于特征》考证,1879 年浦东白莲泾开设了上海第一家机制砖瓦厂。

图4　英式砌法（上）
　　　哥特式砌法（下）

图2　清水砖外墙——沐恩堂（陈伯熔摄）

图3　清水砖外墙——益丰洋行大楼

元宝缝、平缝、斜板缝、方槽缝、凹缝等，各类形式的勾缝也有其配套的勾缝工具。由于灰缝易酥松剥落，不易保存，加之既往不妥的修缮方式，现存的原状勾缝保留至今的较少，我们可从1936年的《建筑月刊》中登录的部分常见砖墙勾缝形式（图5）中管窥当时勾缝形式的多样。

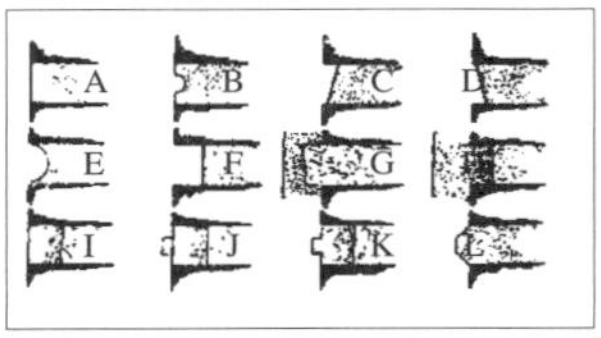

图5　常见砖墙勾缝做法示意图（引自《建筑月刊》1936年第4卷第1期，第42页）

图6　峻岭公寓面砖

勾缝材料以石灰混合物为主，如石灰、纸筋灰、砖粉、桐油等，由于掺加了桐油使嵌缝材料非常致密，具有很好的防水功能。还有些建筑在灰浆中掺入色剂，使砖缝达到个性的装饰效果，如茂名南路峻岭公寓在竖向勾缝中加入砖面色的砂浆，从而弱化竖向线条而达到强调横向线条的效果（图6）。

二　粉刷[一]外墙

粉刷外墙是指在墙体基层外另做抹灰饰面层的外墙，上海称"粉刷"，北方则称"抹灰"。

江南传统外墙面做法多采用纸筋灰打底，石灰浆罩面；开埠后水泥的引入和应用为外墙粉刷带来了更多的工艺和形式。外墙粉刷因其所用材料和施工工艺的不同可形成丰富的外观效果，根据饰面效果及工艺，常见的上海近代建筑外墙粉刷可分为一般粉刷和装饰粉刷两大类。

（一）一般粉刷

饰面平整、无特殊装饰的粉刷做法即一般粉刷或普通粉刷，是对于特殊装饰粉刷而提出的相对概念。上海近代建筑粉刷随水泥传入后得以应用，如新乐路东正教堂采用黄沙水泥粉刷作为外墙饰面。

（二）拉毛粉刷

拉毛粉刷是一种传统的外墙饰面工艺，可形成丰富的、具有装饰性的饰面效果。常见的拉毛粉刷有普通拉毛粉刷和花饰拉毛粉刷等。

普通拉毛粉刷，是将底层用水湿透，抹上水泥石灰罩面砂浆，随即用硬棕刷等工

图7　普通拉毛粉刷

具进行拉毛形成的饰面。拉毛粉刷主要应用于花园洋房、公寓等居住建筑中，例如思南路上海文史馆拉毛外墙饰面等（图7）。

花饰拉毛粉刷泛指在水泥粉刷底层的基层上，用芦苇排、鬃刷等工具将泥浆抹出花饰图案，干燥凝固后形成丰富的装饰效果，常见的纹饰有树皮图案、鱼鳞图案、纵横直线交织等，如虹桥路龙柏饭店3号楼（原美丰银行别墅）外墙面采用了鱼鳞状纹饰的水泥砂浆粉刷（图8）。

（三）仿石粉刷

仿石粉刷又称为石渣类粉刷，是指采用石粒、砂浆等为骨料制成的粉刷饰面，根据所采用的石粒粒径、材质、色彩以及工艺的区别，可形成丰富且仿石材效果的外墙饰面。

1. 水刷石

水刷石，上海方言称"汰石子"，东南亚称之Shanghai Plaster，其制作方法是将水泥、石屑、小石子等加水拌和，抹在外墙表面，半凝固后用硬毛刷蘸水刷去表面水泥浆而使石屑或小石子半露，硬结后使饰面达到模仿石材的视觉效果。在外墙饰面的制作中，也有通过选用不同色泽、粒径、质感的石屑、石子或掺入颜料，达到模仿花岗岩、青石、大理石等不

[一]上海地区传统工匠一般将现场施工的"抹灰"通称为"粉刷"，包括底层、饰面层的处理和装饰，因本文研究对象为上海近代建筑，因此本课题仍采用"粉刷"表达，特此说明。

图8 鱼鳞状粉刷——龙柏饭店（引自《传承》）

贰·建筑文化

图9 水刷石——邮政大楼

图10 石块粉刷
——左翼作家大会会址

图11 斩假石
——礼查饭店柱础

图12 卵石粉刷
——东风饭店南立面

同石材的效果。

水刷石应用非常广泛，如位于苏州河边的邮政大楼，底层为花岗岩砌筑，主立面二层以上则采用水刷石饰面（图9），远观视觉效果与花岗岩非常接近。

还有少量建筑采用有棱角的碎石块做骨料拌和抹面，半凝固后刷洗使石块外露，硬结后墙面具有特殊的装饰效果（图10）。

2. 斩假石

斩假石，又称"剁斧石"，是用石屑做骨料，与水泥、水拌和抹在建筑表面，待硬化后用斩斧（剁斧）等工具剁出石纹的一种人造仿石装饰。有些外墙面使用花岗石屑做骨料，实现模仿天然花岗石的效果。

由于斩假石系人工斧剁而成，工作量大，仅用于建筑外墙局部，如西藏中路沐恩堂栏杆、黄浦路礼查饭店廊柱柱础（图11）等。

3. 卵石粉刷

卵石粉刷，上海方言称"掷石子"，罩面多采用泥纸筋灰或水泥石灰，根据卵石粒径大小其做法不同。卵石粒径小时，可在罩面的面层湿润、指按有明显凹印时，向墙面摔甩卵石并用木板拍击，使卵石半露，并对空隙部位补甩或补嵌使墙面填满卵石；卵石粒径大时，做法近水刷石，以卵石为骨料拌和后抹在外墙表面，半凝后刷洗到石子半露，呈现卵石饰面的效果。上海近代建筑中卵石粉刷墙面多见于原法租界建筑，如思南路周公馆等，但其他区域中也有应用，如外滩2号上海总会大楼外墙也有使用（图12）。

三 石材外墙

（一）石材种类

近代上海用于建筑外墙的石材主要有花岗岩、青石和少量大理石。

花岗岩硬度高、耐磨损，具有良好的抗酸、抗腐蚀性，在外墙石材中应用最多。上海近代建筑使用花岗岩多为金山石。金山石系花岗石的一种，因其产自苏州城西南的金山而得名，石性较硬、石纹较细，色略白带青或淡红；此外还有产于苏州焦山的"焦山石"等，焦山石石纹较粗，内黑点（云母）较多，色带淡黄。而随着石材使用量的加大，其他地区的石材也进入上海市场，如著名营造家陶桂林的"中国石公司"就在山东青岛设厂，所用原料为崂山花岗岩等[一]。

青石，色青略带灰白，其强度较花岗石

弱，可作雕饰，少量用于建筑外墙，如外墙窗台、券心石等。

大理石色彩、花纹丰富、装饰性墙，是良好的建筑用石材，但因其耐腐蚀、耐磨损性较花岗岩差，不宜用于室外，但也有极少量建筑采用大理石作为外墙，如邬达克设计的四川中路四行储蓄会大楼（图13），采用钢筋混凝土结构，其底层与二层墙面就采用了雕琢精美的汉白玉大理石。

[一] 李海清：《中国建筑现代转型》[M]，东南大学出版社，2003年4月版，第202页。

（二）饰面石纹类型

石材外墙除选用的石材种类不同外，根据立面设计需要和加工方式的不同也形成了不同的石纹饰面。常见的石材石纹类型有麻点、直纹斧剁、席纹饰面以及蘑菇原状石等。

麻点石纹做法是使用凿、斧等工具将石面凿琢成坑洼的小圆点，在阳光下形成朴拙的光影效果，如北京东路原国华银行大楼外墙（图14）等；而直纹石面则是采用斧剁的方式斩剁出竖、横或斜的纹理，如外滩中国银行大楼底层外墙（图15）等；部分建筑的基座层则采用蘑菇状原石作为外墙饰面，形成稳重、粗犷的效果，如外滩怡和洋行大楼底层（图16）等。

此外，为加强石块接缝处灰缝效果，还有将石块周围边凿琢成斜口或凹口的做法，形成强烈的光影效果，如延安东路原大北电报公司大楼即采用麻点加凹口边的做法（图17）。

（三）构造特点

除少数多层建筑采用石块直接砌筑外墙，多数近代清水石外墙是采用在墙体外再砌筑石块或镶石板的构造方法，即包石墙做法。

包石墙的砌筑特点是底层石块厚度较大，至上层逐渐变薄或改用石板，立面呈现清水石墙的外观效果。如中国银行大楼东楼为十五层的钢框架清水石墙建筑，其滇池

图13 大理石外墙——四行储蓄会大楼（引自《经典黄浦》）

图14 麻点饰面
　　——国华银行大楼

图15 直纹饰面
　　——中国银行大楼

图16 蘑菇原状石
　　——怡和洋行大楼

图17 有边麻点
　　——大北电报公司大楼

路和圆明园路外墙均采用平整的金山石板镶嵌，石板厚约120～180毫米左右，底层花岗石厚度加大，最厚处达一米。

近代常见的包石墙做法有两种：

A. 在墙面基层上预先按照石料位置埋入铜活镀锌铁夹片，将钩牢石块的夹片卧入砖砌墙内砌筑，再在石块与砖墙间灌注黏结砂浆（图18）。此做法多用于墙面石板的镶贴。

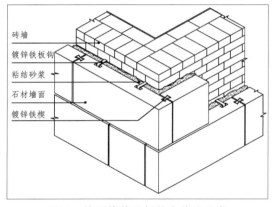

图18　镶石块墙面插铁安装法示意

B. 在结构墙体外侧砌筑较厚的石块形成底层基座，石块形状采用较粗犷的条状石、蘑菇原状石等。

此外，近代建筑石材搭接构造做法也较为成熟，据1936年《建筑月刊》记载的常用石材搭接做法有：雌雄接缝、定笋结合、避水搭接三类，其中雌雄接缝可分为雌雄接、三均接、水泥胶接、插笋接、卵石接等[一]（图19）。

石材外墙的勾缝主要有平缝、凹缝与凸缝几种。其中平缝、凹缝使用较多，石材间的

缝隙多为稀缝，外用桐油石灰勾缝；凸缝是在石材砌筑后，在石材缝隙外勾砌突出石面约5毫米、宽10毫米左右的白色勾缝，勾缝材料由白水泥与黄砂配制。此类凸缝制作相对繁琐，且凸出于墙面易于损坏，使用较少，如圣三一教堂窗套等部位的石材勾缝，以及外滩18号春江大厦等。

四　面砖外墙

（一）常见面砖类型

上海近代建筑常用的外墙面砖根据材料、质感等差异，可分为毛面砖和釉面外墙砖。锦砖（陶瓷马赛克）在近代主要用于铺地或内墙装饰，几乎不用于外墙饰面。

早期面砖全部依靠进口，20世纪初上海陆续开办陶瓷砖生产厂，逐步形成了围绕上海的聚集群体，至抗战爆发前面砖已大多实现国产化[二]。

1. 毛面砖

毛面砖是烧结耐火砖的一种，表面粗糙、毛细孔隙多，色彩多褐红色、奶黄色等，其中以"泰山砖"最为著名。1923年浙江嘉善地区的"泰山砖瓦股份有限公司"在

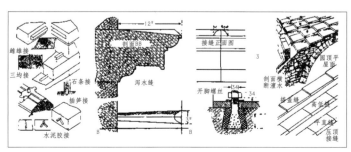

图19　石材搭接常见做法示意（引自《建筑月刊》）

上海建立分厂，并于1926年试制成功无釉陶瓷外墙砖（即泰山毛面砖），厚度仅15毫米（当时从国外进口的毛面砖厚25毫米），业内称为"泰山砖"[三]。此后，"泰山砖"在近代建筑中得到推广，尤其在大型公共建筑、公寓建筑中得到广泛使用。

毛面砖在色彩、质感方面都可起到模仿清水砖墙面的效果，其尺寸也较接近普通砖块，以海宁路虹口大楼为例，毛面砖尺寸分别为220×60毫米与105×60毫米两类，相间镶贴形成了"梅花丁"式的清水砖效果。

2. 釉面外墙砖

釉面外墙砖又称釉面瓷砖、琉璃砖，是砖表面经过施釉处理的外墙面砖。建于1902年的外滩15号华俄道胜银行大楼是上海最早使用釉面砖贴面的建筑（图20），外墙采用白色釉面砖与石材相间，装饰做法新颖，面砖全部为进口。此后，釉面砖作为一种新的外墙装饰在上海流行起来，如1906年建成的汇中饭店两层以上墙面镶贴白色釉面砖，与楼层间和窗间墙的清水红砖构成色调对比。

图20　釉面砖与石材相间——华胜大楼

20世纪20年代后国产釉面砖有较大发展，其中以上海泰山砖瓦厂、兴业瓷砖公司、益中瓷厂等企业的产品最多、最富影响[四]。釉面砖色彩和尺寸也更加多样，如黄色、绿色等。

20世纪30年代后建成的公共建筑多使用釉面砖做装饰，如建于1933年的新永安公司大楼、大光明戏院、阿斯屈莱特公寓等，建于1938年的吴同文住宅外墙则采用了绿色釉面砖。

（二）镶贴形式

面砖不仅类型多样，其镶贴方式也各具特色，表达了设计师不同的设计思路，本文将常见面砖镶贴设计思路归纳为以下三类：

1. 模拟清水砖

早期面砖多模拟清水砖装饰效果，此类面砖的镶贴形式严格遵循清水砖的砌筑逻辑与勾缝方式，甚至达到以假乱真的效果，此多见于毛面砖。具体做法是采用错缝丁顺结合的镶贴方式，门窗洞上口采用立砌方式模仿砖平拱构造，阳角部位特别定制L形转角砖镶贴，充分表现了仿清水砖的设计思

[一]《建筑月刊》[J]，1936年4月版，第4页；1936年5月版，第33页。

[二] 李海清：《中国建筑现代转型》[M]，东南大学出版社，2003年4月版，第202页。

[三] 同注 [一]。

[四] 李海清：《中国建筑现代转型》[M]，东南大学出版社，2003年4月版，第201页。

图21　模仿清水砖镶贴
　　　——虹口大楼

图22　釉面砖——原浙江第一商业银行大楼

图23　对缝镶贴——阿斯屈莱特公

路，海宁路虹口大楼即是采用褐色泰山砖模拟哥特式砌法的一例（图21）。

2. 表达面砖特点

与模拟清水砖墙面不同的是，另一种面砖镶贴的设计思路则是要表达面砖与建筑砌筑逻辑并不相关，而仅是一种外墙装饰方法，此类镶贴多用于釉面砖。此类镶贴一方面通过面砖尺寸与清水砖尺寸的差异来实现，如汉口路原浙江第一商业银行大楼（现华东院大楼）（图22）；另一方面则是通过对缝、立砌等方式来表达，如阿斯屈莱特公寓（图23）等。

3. 花饰镶贴

面砖的推广和普及使其作为立面装饰的特点得到更大体现，从而通过镶贴方式的变化达到图案设计的效果，如强调线条、图案等方式。

强调线条是通过面砖镶贴方向和勾缝变化形成的。如茂名南路峻岭公寓的面砖勾缝（图6），横向采用白色勾缝（约12毫米），纵向采用近面砖色的细勾缝（约6毫米），突出了面砖的横向线条；而大楼窗下墙等部位采用横向面砖铺贴，窗间墙等则采用竖贴，立面富于变化，达到很好的装饰作用（图24）。

图案镶贴则是通过使用不同色彩面砖按照一定构图规则铺贴形成的。如中国大饭店（现上海铁道宾馆），外墙采用深浅褐色面砖拼成菱形图案，装饰效果明显（图25）。

使用面砖进行立面装饰最具个性的例子是陕西南路的马勒别墅，其毛面砖以三块砖为基本铺贴单元，顺砌与立砌相结合，色彩褐色与乳黄色相间，为其营造童话城堡式的外观效果起到一定的装饰作用（图26）。

五　木板壁外墙

木材是较少用于建筑外墙的材料，然而受江南传统民居与殖民地式建筑的影响，上海近代建筑也有采用木材作为外墙与饰面的实例。现存上海近代建筑木板壁外墙主要有两种类型：

图24 横竖相间镶贴——峻岭公寓

图26 马勒别墅面砖

（一）里弄民居建筑裙板

上海早期里弄民居吸收了包括结构特点在内的很多江南传统民居特色，使用木质裙板、槁扇门、木栏杆等作为分隔室内外的非承重外墙。木质裙板主要用于里弄住宅外墙面窗下部分，裙板有固定和可拆卸之分，固定木裙板背后有木构件以承重，而可拆卸裙板（活络裙板）前另设万字格栏杆以保证安全，夏天裙板退下，加强通风。墙面做上下榫卯搭接，以起到防水和装饰作用。

裙板所用木材多采用杉木或松木，后期也有使用美松（洋松），裙板墙木板厚1到1.5厘米，接口为高低缝、企口缝或鱼鳞板，实例如兴业路中共"一大"会址纪念馆朝向天井的门窗裙板等。

（二）壁板外墙

上海近代另一类采用木壁板外墙的建筑形式是殖民地壁板外墙式建筑（Clapboard Colonial Style），这种风格起源于北美新英格兰地区，当时为抵御北美大陆寒冷气候在整幢房屋外钉上一层横条木板，并于19世纪下半叶到20世纪20年代在美国流行。

然而上海地区的气候特点并不需要加钉木板以御寒，因而殖民地壁板风格在上海存例很少，如乌鲁木齐路朱敏堂住宅[一]（图27）、汾阳路原

图25 面砖图案装饰——中国大饭店
（引自《回眸》）

[一] 详见：郑时龄《上海近代建筑风格》，上海教育出版社，1999 年 5 月版。

海关俱乐部住宅（图28）等，这些建筑均为砖木结构，在房屋外钉一层横向木板作为饰面，并粉刷油漆以保护木质。

　　上海作为近代中国开埠城市的代表，建筑表现出多样、包容的风格特色，其外墙正是这种多样性的直接体现。外墙的多样性是社会、材料、技术等诸方面共同作用的结果，也是外来经验地域化、本土化的结晶。本文希望通过梳理归纳上海近代建筑外墙类型与特点，为深入认知和保护这些建筑遗产提供借鉴与参考。

图27　木壁板外墙——朱敏堂住宅

图28　原海关俱乐部住宅（引自《回眸》）

【探析明清江南厅堂建筑中轩的形成】^[一]

王 佳·上海现代建筑设计（集团）有限公司历史建筑保护设计研究院

摘 要：在江南传统厅堂建筑中，有一种类似天花的构造形式称为"轩"。从现存文献看，明末计成所著《园冶》可能是第一次直接记载轩的历史文献。"房宅及官殿的造型规格"一篇中有"三架屋后车三架法"、"五架后拖两架"之说，应是在原有三架或五架的基础上再增架数。证明了江南传统建筑添架的可能性。而对于北方柱层、铺作层、梁架层一层层垒叠的构架特点而言，前后添架的方式自然不适用，而在建筑主体基础上再加建附属物的空间延伸方式更为多见，这也是北方多用勾连搭的原因之一。总之，明清厅堂建筑中轩的形成与明代的住宅制度、营造技术等有密切关系。

关键词：探析 厅堂建筑 轩 形成

在江南传统厅堂建筑中，有一种类似天花的构造形式称为"轩"。在南北地域环境下，轩相对集中在南方，尤其在江南厅堂建筑中更具普遍性与典型性。从现存文献看，明末计成所著《园冶》可能是第一次直接记载轩的历史文献^[二]。从现存遗构看，有轩的民宅、祠堂等传统建筑大都是明清时期，清代尤多。

轩多集中在明代之后，且较北方而言，南方传统建筑中的轩更加普遍，这应该和明代的住宅制度、营造技术等方面有密切关系。

一 住宅制度的限制

明朝的建立成为继汉唐以后中国历史上第三个强盛王朝。明朝国富民安与森严的法律约束密不可分，这可从住宅制度的相关内容可见一斑——与之前宋代放宽禁限、元制疏阔的住宅制度相比^[三]，明代确实等级森严，明初尤甚。

明代住宅制度载入《明史·舆服志》的内容分明初、洪武二十六年、

[一] 本文由硕士论文改写，系属国家自然科学基金子课题，编号50978051。

[二]《园冶》虽明确了轩的存在，但文中记载为"卷"而非"轩"。同时与卷并列存在的还有"复（復、覆）水椽"、"重椽"，这在"草架式"、"九架梁式"图中都有清楚的标注。

[三]《宋史·舆服志》，臣庶室屋制度，"凡民庶家不得施重栱、藻井及五色文采为饰"；傅熹年主编：《中国古代建筑史第四卷》[M]，中国建筑工业出版社，2001年12月版，第225页。

99

三十五年以及正统十二年四次。对于百官宅第，明初的规定，"禁官民房屋不许雕刻古帝后、圣贤人物及日月、龙凤、狻猊、麒麟、犀象之形。凡官员任满致仕，与见仁同。其父祖有官，身殁，子孙许居父祖房舍[一]。"此尚在基业既未统一又未稳固之时，重在君臣之序。

洪武二十六年开始有关于老百姓房舍的规定，"庶民庐宅，不过三间五架，不许用斗拱，饰彩色"，三十五年复申禁饬，不许造九五间数，房屋虽至一二十所，随基物力，但不许过三间。继承了唐宋之制，又比唐宋等级森严，奠定了明代住宅制度的基础。

至洪武三十五年修正为"申明军民房

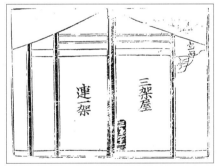

图1《《鲁班营造正式》中所载侧样图
（引自天一阁版《鲁班经》）

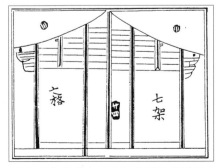

图2《鲁班营造正式》中所载侧样图
（引自天一阁版《鲁班经》）

屋不许盖造九、五间数……庶民所居房屋、从屋虽十所二十所，随所宜盖，但不得过三间。"这次修正提高了一、二品官员邸宅的规格，对庶民房屋数量放宽，但前提仍是面阔三间不变。

至正统十二年制度有了明显变通，"庶民房屋架多而间少者，不在禁限"，即只限面阔不限间架，使庶民住宅的空间在进深向可以随意添架。

纵观明代四次住宅制度的修正，庶民的房屋由"三间五架"过渡至"架多而间少者不在禁限"，即在保持三间面阔的同时，允许加大房屋的进深。导致放宽庶民住宅限制的很大一部分原因来自当时人口骤增的现状与城市用地紧张之间的矛盾。

经济发达，商业贸易蓬勃发展，人口骤增，城市化进程加速，最终导致明清江南城市城镇用地紧张。面对城市城镇人口数量与城市城镇用地之间燃眉的矛盾，明代法律才有了上述逐渐放宽庶民住宅禁限的措施。这样，江南地区庶民庐宅增加房屋架数不再是一种僭越。如何添架在一些文献中可见记载。

《鲁班经》成书于明代[二]，早于《园冶》，是一本关于民间房屋营建和土木制作的工匠用书，流传并影响的地域范围大致为安徽、江苏、浙江、福建、广东等南方地区。全书从三架梁房屋到九架梁的建造方法，有添架的记载。如在"房宅及宫殿的造型规格"一篇中有"三架屋后车三架法"[三]、"五架后拖两架"之说（图1、图2），应是在原有三架或五架的基础上再增架数。

同样，在明法规定庶民庐宅三间五架

的基础上加架，亦应是在五架的基础上前后添架，这恰可以理解《园冶》多处有关添架的描述，如："前或添卷，后添架，合成七架列"、"五架梁，乃厅堂中过梁也。如前后各添一架，合七架梁列架式"[四]等。

虽然以上文献关于添架的记载限于民居营造，但从现存江南宋元遗构方三间殿看，宁波保国寺大殿、金华天宁寺大殿、武义延福寺大殿等都是八架椽屋，唯真如寺大殿总进深达十架椽。添架方式应是在八架椽之前加两步架，用意在于扩大前槽的礼佛空间。虽然是佛寺大殿，但很好地证明了江南传统建筑添架的可能性（图3）。

正是南方这种一榀一榀竖向构架纵向并列而成的构造特点，才易于在原有的建筑主体基础上前后添架，进而有轩作为添架方式的可能。而对于北方柱层、铺作层、梁架层一层层垒叠的构架特点而言[五]，前后添架的方式自然不适用，而在建筑主体基础上再加建附属物的空间延伸方式更为多见，这也是北方多用勾连搭的原因之一（图4、图5）。

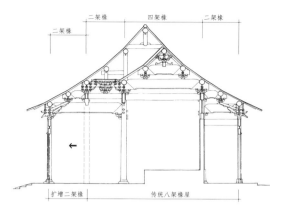

图3　上海真如寺大殿间架形式分析
（引自张十庆《江南殿堂间架形制的地域特色》）

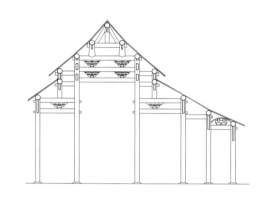

图4　泰州北山寺大殿剖面简图

[一]《明史·舆服志》。

[二] 原名《工匠雕·正式鲁班木经匠家镜》。

[三] 刘敦桢:《〈鲁班经〉校勘记录》[M]，《刘敦桢文集》第五卷，中国建筑工业出版社，2007年10月版，第1页，刘敦桢先生认为这里"连"误作"车"。

[四] [明]计成:《园冶》屋宇图式，五架过梁式；屋宇，五架梁。

[五] 张十庆:《江南殿堂间架形制的地域特色》[J]，《建筑史》第2辑，机械工业出版社，2003年10月版。

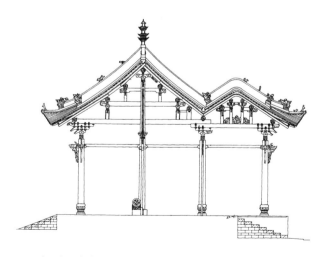

图5　解州关帝庙雉门剖面（引自柴泽俊《解州关帝庙》）

在南方传统建筑进深向添架的过程中，导致轩的产生有两种可能。一是轩作为添架的方式之一。添架固然使室内空间得以延伸，但同时造成进深加大，室内采光不足。若在原有建筑前添架，且以轩椽为顶，形成抬头轩形式，此时轩与原有列架组成勾连搭状（图6）。

二是在已经添架的建筑内，轩成为划分空间的方式之一。以添架后的庶民房屋七架为例，七架的进深空间会造成上部空间黑暗，同时空旷的空间不进行合理划分或限定，会与人体尺度不协调，带来不舒适的空间感受。轩在划分空间的同时，降低局部空间的高度，创造出宜人的尺度空间。

综上所述，《明史》最终对庶民住宅制度中只限间数不限架数的规定，导致轩出现的两种可能。一种是轩作为添架的方式之

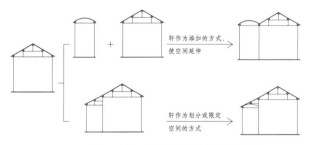

图6　添架导致轩的两种功能分析

一，这有可能是造成抬头轩的原因，二是轩作为大进深建筑空间划分的方式之一，有可能是磕头轩产生的原因。

二　天沟且费事不耐久

在明法关于庶民住宅制度只限间数不

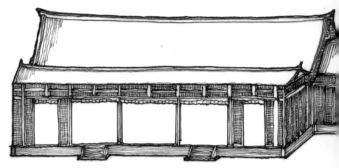

图7　南宋宫廷画家马远《华灯侍宴图》

限架深的规定中，轩作为一种添架的方式之一，会与原有的列架（庶民一般为五架）形成勾连搭的组合方式。勾连搭是指沿建筑单体进深方向接另一建筑单体而形成的相邻两座建筑屋面相交接的组合方式，清《工部工程做法》称其为"勾连搭"。据研究，勾连搭南北朝时期就有记载[一]，不过目前能看到的较早的记录来自南宋宫廷画家马远的《华灯侍宴图》（图7）。

从现存实例来看，南北方都有勾连搭建筑，明清时期勾连搭形式尤多。北方勾连搭实例如北京明代花市清真寺大殿，南方东阳卢宅肃雍堂进深十檩进深，用勾连搭处理（图8、图9）。但现实是，南方的勾连搭明显少于北方。

南方屋顶使用勾连搭少见于北方的主要原因除上述与江南的垂直构件横列式、北方水平构架层叠式的特点有关之外，还与南北气候差异的因素密切相关。众所周知，勾连搭的两屋面交接的地方必形成天沟。"凡屋添卷，用天沟，且费事不耐久；故以草架表里整齐。"[二]南方多雨，天沟防水做法稍

有不慎，就会导致雨水排泄不畅，腐蚀构件，进而殃及整个房屋的使用寿命，因而有天沟"费事不耐久"。北方气候干燥雨水少，这样的困扰远不及南方。所以南方尽量避免做勾连搭。在江南民居中，即便不用勾连搭的房屋组合也同样将防水、排水作为最必需的建造条件。例如在前后两个建筑的屋檐相距甚近的地方，会在外檐下另置通长的槽以导流。一来防止雨水从两屋檐之间滴落人身，二来防止排水不及时反侵蚀木料。可见，在南方建筑营造过程中，如何防止漏水确保及时通畅地排水是非常必要的。这

[一] 刘敦桢：《刘敦桢全集》第九卷 [M]，中国建筑工业出版社，2007 年 10 月版，第 13 页。

[二] [明] 计成：《园冶》卷一，屋宇，草架。

103

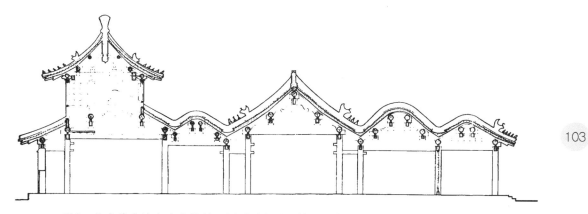

图8　北京花市清真寺大殿剖面图（引自吴玉敏、王岚《北京清真寺建筑初探》）

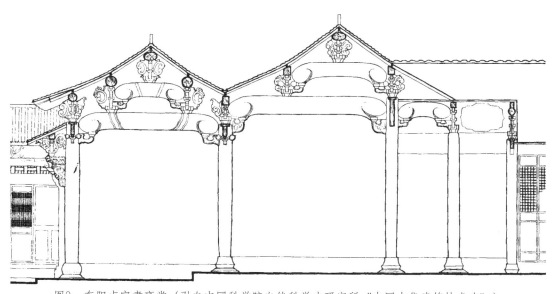

图9　东阳卢宅肃雍堂（引自中国科学院自然科学史研究所《中国古代建筑技术史》）

貳·建筑文化

也是南方少勾连搭形式逐渐被淘汰的原因。

　　既要避免天沟漏雨，又要"表里整齐"，针对在原有列架基础上添架所形成的勾连搭的改造有两种可能。一种是在勾连搭之上再置屋顶，形成草架空间，方可避免天沟漏雨的困扰，同时使建筑内外"表里整齐"，这样的结果形成抬头轩。另一种是将勾连搭前槽的次要空间向内置于主体空间前檐下，形成磕头轩，利用原有列架的屋顶，顺接屋顶，同样避免天沟存在，且表里如一（图10）。顺便提到，勾连搭的一个特点是各建筑单体有主次之分，一般多是次要空间在前，主要空间在后。因而第二种情况很容易解释轩大多位于前檐檐下的原因。

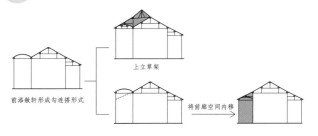

前添敞轩形成勾连搭形式　　上立草架　　将前廊空间内移

图10　勾连搭避免天沟漏水的分析示意

三　覆水椽与轩的关系

　　《园冶》言"重椽，草架上椽也，乃屋中假屋也。凡屋隔分不仰顶，用重椽覆水可观"，"九架梁屋，巧于装折……须用覆水重椽，观之不知其所。"[一] 又草架式图中标有"重椽"，九架梁五柱式图中标"復水椽"，九架梁六柱式图中标"复水椽"，所指皆表示屋内的第二层椽，是盖住草架且活

动于地面的人可见的椽。据此可推测，"重椽"、"復水椽"、"复水椽"、"覆水椽"、"覆水重椽"意思相同，至于计成为何在不同的图式中不统一标注，因不再研究范围内，故暂不考虑。

　　古代"复"与"復"、"復"与"覆"互为通假字，《说文》释"复"与"復"皆为"往来也"，"覆，盖也"。"覆水"之义大致分三种：一是指流动的水，二有"落水、溺水"之意，此外，最常用的意思同成语"覆水难收"，这里"覆水"指泼出去的水，可引申为建筑中的"排水"之意。覆水椽本身就是屋中第二层椽，其产生很大的原因在于防水、排水的功能。

　　《园冶》的覆水椽皆表示"人"字形假屋面，与其中的"卷"明确分开。也就是说，《园冶》出现了两种非大木椽——"人"字形直线型椽和卷的弧线形椽，各有相应称谓，两者并不混淆。只是在后来学者的各类有关轩的研究中，可能为了区别覆水椽与轩特有的弯椽的形状，更多使用"人字形覆水椽"、"人字形假屋面"、"人字轩"等这类名称，但本文仍以"覆水椽"这个名称表示"人"字形直线椽。

　　从出现时间看，覆水椽的成型早于轩。"覆水椽"由来已久，可追溯至汉代的"重橑"。有文献记载唐宪宗元和年间，宰相元衡因支持圣上诛蔡州刺史吴元济而遭刺杀，满京城搜捕刺客，其中有言"家有复壁重橑者皆索之"[二]，《注》"复壁也，重橑大屋覆小屋上，下施椽。其间皆可容物。橑，鲁皓翻椽也"。受我国唐宋文化影响

的日本古塔、佛寺大殿等建筑中出现的化妆椽与覆水椽的用法可能也有相似之处。而现存遗构中，建于弘治年间的徽州司谏第未用轩，稍晚于此的中街祠堂用覆水椽[三]，明中期建造的绍兴吕府永恩堂前后皆船篷轩（图11），明万历之后的厅堂几乎一律用轩，而覆水椽在元构真如寺大殿中就已经出现。

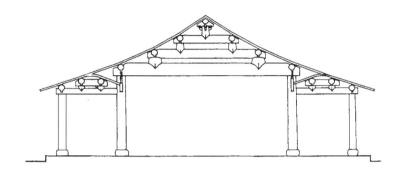

图11　绍兴吕府（引自潘谷西主编《中国古代建筑史第四卷》）

目前，在屡次修缮后如果仍然保持原有形制的前提下，真如寺大殿内的覆水椽是江南遗构中存在年代最早的，大殿内既有平棊又有覆水椽，遮蔽上部草架空间。草架穿斗式，明架抬梁式，可谓泾渭分明。平棊位于前步柱之前两步架之间，覆水椽位于平棊以北，二者相邻。其余前后檐两步架及山面单步架空间均为彻上明造。覆水椽设在明间中跨佛座上方的四内界空间，由于前、后步柱间供奉佛像多尊，脊檩不能居中，也许颇有碍观瞻。因此在明间前、后步柱之上，架覆水椽一层，使自下往上，可见覆水椽下脊檩于佛坛正中，而不见草脊。所以认为，覆水椽的使用早于轩。

另外，从轩的特征来判定，轩椽也是一种覆水椽。两者最大的共同点是皆为屋内的第二层椽，椽上覆望砖。覆水椽经过演变，至《园冶》中的覆水椽时，其特征、用法较早期的覆水椽可能有所改变。至轩成熟后，覆水椽仍然继续被广泛使用，抬头轩与半磕头轩构造中的覆水椽，不论是制作工序还是本质特征，都与轩椽极为相似。

覆水椽仍被使用的原因可能是较轩椽的制作安装更加简便，覆水椽是直线椽，轩椽多数是弯椽，下料不及直椽方便，木匠更倾向于易施工的构件样式。第二，可能与早期人们直观的模仿屋面椽有关。毕竟，几千年来人字形屋面模式对人们的匠作思维影响很深，要在屋内再做一个屋顶，最

[一] [明]计成：《园冶》屋宇，重椽；园冶，屋宇，九架梁。

[二]《资治通鉴》卷二三九"李师道所养客说师道曰：'天子所以锐意诛蔡者，元衡赞之也，请密往刺之……'戊申，诏中外所在搜捕，获贼者赏钱万缗，官五品，敢庇匿者，举族诛之。于是京城大索，公卿家有复壁重者皆索之。"

[三] 朱光亚：《探索江南明代大木作法的演进》[J]，《南京工学院学报》（建筑学专刊），1983年。

贰·建筑文化

直接的想法就是以"人"字形为模板。

　　鉴于轩在发展成熟后具备的特征，且真如寺大殿的覆水椽又是孤例，本文认为真如寺大殿的覆水椽仍然属于产生轩的前提之一，为轩的成型提供了参照的可能。至于在轩成熟后，抬头轩与半磕头轩构造中的覆水椽，不论是制作工序还是本质特征，都与轩极为相似。因而，真如寺大殿中覆水椽不能成为判断轩产生时间的例证，但为轩的成形提供了前提条件。至明末，轩的样式以船篷轩最常见，《园冶》中可见。到清代，伴随各种因素的渗入，轩已不拘泥于某种单一形态，而是多元化地发展，主要体现在位置灵活、样式增多、与其他天花的组合、装饰性加强等几个方面。

参考文献

[一]《宋史·舆服志》，臣庶室屋制度。

[二]《明史·舆服志》。

[三]　[明]计成原著、陈植注释：《园冶》注释，中国建筑工业出版社，1988 年 5 月版。

[四]　刘敦桢：《刘敦桢全集》第五卷 [C]，中国建筑工业出版社，2007 年 10 月版。

[五]　张十庆：《江南殿堂间架形制的地域特色》[J]，《建筑史论文集》第 19 辑，2003 年 10 月版。

[六]　刘敦桢：《刘敦桢全集》第九卷 [C]，中国建筑工业出版社，2007 年 10 月版。

[七]　朱光亚：《探索江南明代大木作法的演进》[J]，《南京工学院学报》（建筑学专刊），1983 年。

【宁波古戏台的文化概论】

杨古城·宁波工艺美术协会

摘　要：作者二十余年来致力于调查浙东宁波二百余座古戏台，这批目前幸存的文化遗产的历史渊源可追溯于原始时代，演变发展于唐宋，形制分类以神庙和祠堂戏台为主。古戏台多以精巧的木结构彩漆为多，技艺精湛，文化内涵深广。经综合性的研究考证，认为古戏台寓有娱乐中受教育的功能，古戏台又是明清以来浙东建筑艺术与文化鼎盛的代表。

关键词：宁波古戏台　渊源　发展　分类　形制　技艺

一　宁波古戏台的渊源和发展

古戏台是中国戏曲文化的重要组成，是戏曲与看众的最主要媒介。中国戏曲文化、古印度的梵剧和古希腊的古剧同称世界三大最古老的古典戏剧，然而只有中国的戏曲文化传承至今，扎根于各地城乡的古戏台，多已列为文化遗产加以保护。

中国古戏台古称"舞亭"、"戏场"、"勾栏"、"瓦肆"、"戏楼"、"乐楼"、"万年台"等。全国约有古戏台十万座，然而保存较为完好的已不足一万座。所谓"古戏台"，一般认为采用古代的形制和传统建筑材料、建筑技术建成的戏台，不改变原状重修的仍可称为"古戏台"。

中国古戏台最早可追溯至原始时代。据大量考古资料证明，在四千年之前的原始氏族社会祭神、敬祖活动已形成手舞足蹈、载歌载舞的原始表演艺术，原始的演艺场所即古戏台的雏形。各地发现的原始岩画和石器、陶器上都有生动的图像。据《吕氏春秋·古乐》记载，帝舜、禹都有令部下从事演艺。浙东河姆渡出土的骨笛、陶埙等都是一种原始舞乐的祭祀乐器，必然也有演艺场地。

在绍兴的战国墓中出土的铜屋和乐舞的明器，是浙东发现的最古老的戏场模型。汉代继承秦代"乐府"的旧制，"乐舞百戏"，舞乐演艺作为戏曲的前身，成为贵族和先民不可缺少的精神生活内容。特别是祭祀和节庆，在民间和官府的演艺场所基本上都已形成戏曲生成的社会条件和演艺要素。2011年6月公布的宁波江北区春秋时代句章故城遗址出土的原始青瓷礼乐器，也证实先民们已享受舞乐之美。此外，汉代传入佛教，佛、道及民间信仰促进城乡的信仰和崇拜活动。如在浙东出土的汉—三国—晋的原始青瓷器上的乐人和舞伎还包括身着胡人服饰的演出者，于是戏台的原始雏形也应该在此时应运而生了（图1）。

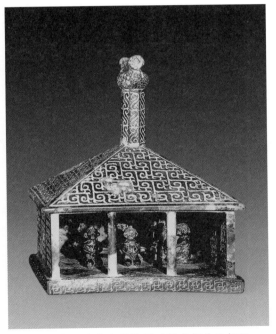

图1 绍兴出土春秋战国时期青铜伎乐铜屋

但是古代的祭祀和舞乐仅是戏曲演艺的雏形，形成为戏场或戏台还必须与经济的发展和文明的进步相适应。

从古籍和出土器物来看，我国先民最初的演艺场所以露天进行为多，在土墩或广场表演最为便捷。《诗经·陈风》中"坎其击鼓，宛丘之下，无冬无夏，值其鹭。"意思是说古人在鼓乐伴奏之下在山丘或坡下四季都作歌舞。唐人诗中："举手整花钿，翻身舞锦筵。马围行出匝，人簇看场圆。"不论城乡，有空间的场地都可演出。然而从出土器物中可见戏楼戏亭、戏棚也同时成为演出场所，"歌台、舞台"多见月唐诗、汉赋，但戏台、戏楼留下的实物，除了出土的陶瓷器、青铜器、石刻、画幅以外，就很少另有发现了。

唐宋两代的古戏台逐渐成熟。如陕西澄县城隍庙唐代乐楼，陕西大荔宋代乐楼，山西沁水宋代戏台等。在唐代已有专供演艺的戏台，唐代长安城不仅有寺庙的戏场，还有唐明皇的"梨园"、杨贵妃的"沉香亭"等[一]。

北宋建立于公元960年，结束长达二百年左右的唐末五代征战分裂的局面，经济发展促进市肆文化的产生，在《清明上河图》中已绘有街头说唱场面。宋吴自牧《梦梁录》说："街市有乐人三五成队，擎一二女童舞旋，唱小词……或于酒楼，或花衢柳巷妓馆家祗应……"又有《东京梦华录》记载"构肆乐人，自过七夕，便搬《目连救母》杂剧，直至十五日止，观者倍增。"《目连救母》脱胎于佛教祭祀经咒声乐舞唱而逐渐形成"警世"的杂剧，而其他类似的戏曲唸唱舞动的元曲、南戏也逐渐形成。

特别是南宋，浙东经济文化因康王南渡而强势崛起，唐时的"梨园"、"教坊"，流入民间即称"勾栏"、"酒肆"、"瓦舍"等的演艺场地，且始称"戏场"。于是宋代就分为皇府的"雅乐"和民间的"散乐"、"杂剧"。诗人陆游的族裔在明州，他曾多次往返越州与明州间，诗中有"空巷看竞渡，倒社观戏场"之句，可见浙东戏场戏风之盛。南宋《武林旧事》载临安城内有23处"瓦市"，其中北瓦内有"勾栏"13座。在南宋时的明州"朝中紫衣贵，皆是四明人"，其中史氏家族"一门三宰相、四世二封王，七十二进士"，左右朝政达120年之久。首位丞相史浩（1106～1194年）在晚年时著写的《大曲》，是诗词与舞艺结合的演艺，边唱边舞，曾在宫廷和府第中排练演出。其曲中有"乐声表至和，在乎民共乐。百姓或怨咨，八音徒振作。朝歌商纠擒，暖响奏婴缚。四海得欢心，全胜听弦索"之句。可见偏安一隅的南京王朝粉饰太平，年节庆典祭祀时与民同乐，庙祠教坊戏场无不鼓乐喧天。在南宋晚期至元代，江南杂剧和南戏流行。据新、旧《鄞县志》的资料，杂剧自元代入"鄞"时有汪勉之与鲍天佑合作《孝顺女曹娥泣江》。由于南方经济文化的繁荣胜于北方，使得浙江临安与温州南戏的剧目记载多达65种。南宋晚期浙东王应麟《三字经》中，鼓励读书明志，其中写到帝王、名臣、孝子、贤人，大都已经形成民间戏剧，广泛演唱传诵。

元代时因蒙古人统治，汉文化曾遭受一次挫折，然而不久逐步恢复。我国北方遗存的重要古戏台都是元代作品，如山西临汾牛王庙、东岳庙、东羊村等。在宁波（当时称庆元）不少神庙都保留和扩建，也有文人从事戏剧研究。如浙南文士高明（1306～1368年），在晚年寓居鄞南栎社村"瑞光楼"，至正十五年（1335年）写下不朽的剧作《琵琶记》。陆游诗中："斜阳古柳赵家庄，负鼓盲人正作场，死后是非谁管得，满村听说蔡中郎。"故事说文士蔡伯皆与赵五娘生离死别、千里寻夫的悲情故事，则是根据浙南南戏《赵贞元》改编。可见浙东的地方民间戏场之风已十分普及。

自宋元以来："明州称多贤，文献聚如积"。王应麟、戴表元、袁桷、张可久等著于学问、诗词、曲调。而在民间又有更多的戏场和看众，各县都有东岳庙，其中庆元城中有两座，城隍庙也在二州四县建立。其他如鲍盖庙，遗德庙也很普遍，鄞县另有次飞庙、羊府庙等，都建有戏台。

明清是宁波古戏台兴造和演出的繁荣期，其一是经济和商贸的发展，城镇和乡间集市普遍，国事泰安，民享太平。其二是手工业的市场化，工匠的技艺提高，竞争强烈。其三，有一大批文人钟情戏曲研究和推动，自编自演的很多，且已有大批看众和戏迷。尤其是以屠隆（1542～1605年）

[一]《考古》1963年第11期。

为代表的宁波剧作家，"能新声、颇以自炫。每剧场，辄阑入群优中作伎。"如万历三年重阳节，屠隆在嘉兴烟雨楼演出得意杰作《彩毫记》。其他还有周朝俊、叶宪祖、孙𬷕、吕天成等剧曲作家，使宁波的古戏台更为生色。其四，明代晚期民间宗祠戏台普及于乡间，民间演员组织和看众更为广泛，因此形成清代宁波的密集于城乡的古戏台建造和精巧化，文人热衷于戏曲的研究和著作，乡镇平民和官贵看戏成俗，城乡戏班子大量涌现，这些因素都促进宁波古戏台的发展和成熟。

二 宁波古戏台的分类和形制

公元1368年，明皇朝统一之后，商品经济发展，城乡人口增多，宗庙、市集迅速兴盛，各地的庙会、祭神、敬祖及地方性的赛会大大丰富了城乡精神生活。因此神庙、宗祠及交通枢纽处建造祠台、庙台、街台、桥台等逐步增多，到明代晚期，古戏台已经完全融入城乡的经济和文化中了。

现存宁波域内的古戏台其总数约有二百二十余座，绝大多都是明代和清代重建。据统计，宁海县文物部门县内有120座，鄞州区约30座，奉化市40座，象山县100座（然而较为完好的为30座），宁波海曙、江东、江北区10座，镇海、北仑、慈溪、余姚约十余座。

与宋元杂剧、南戏及其他民间演艺场所相比，清代之后的戏场规模和构造逐渐精巧和考究。如奉化董村一村四台、如石浦城

隍庙一庙三台、江东庆安会馆一馆四台等。由于攀比和效仿，使戏台的勾栏、檐拱、顶棚、卷棚等式样追求华丽和变化，尤其是木结构，绝大多采用艳丽的色彩和繁华的彩绘。在清代中晚期，戏台斗拱的装饰和藻井的华丽尤为突显，有的祠庙出现双连贯或三连贯藻井。

按宁波现存古戏台的功能分类，可分为四种，即神庙戏台，宗祠戏台，会馆戏台，街台、桥台。

1. 神庙戏台。即以祭祀山川天地神灵及历代先贤、各将、忠臣、孝子、节妇、名医、僧道等的庙宇中的古戏台，如主要的有裴肃、鲍盖、龙王、王母娘娘、大仙、八仙、关帝、白鹤大帝等。浙东大型的神庙无不建戏台，中小型的也尽量建戏台。

宁波城内最早的神庙为鲍郎庙，即纪念晋代的鄞史鲍盖。南宋《宝庆四明志》记载，鲍盖生于晋泰始三年（267年），永兴三年任鄞史，因除暴安良济贫扶困，从唐代圣历二年（699年）建庙之后，从元代起至明清时，鄞域的鲍郎庙竟有68座（《鄞县志》）。较为特殊的有梁山伯、王元暐、张世杰、康用锡、郑世忠等。因戏台是祭神娱神最好的方式，所以每庙必正对神殿建戏台。同样在宁海县建有数十处白鹤庙，神主为东汉赵炳，台州临海人。民间传说宋高宗赵构逃到台州临海时，金兵追袭不舍，赵炳显圣，白雾漫天。高宗逃过一劫后，封赵为白鹤大帝，自明代起建庙建戏台。此外如宁波城隍庙以西汉纪信为城隍，余姚仙圣庙祭祀当方龙王、山神等，奉化曹王庙和宁海

皇封庙都是纪念北宋开国大将曹彬的神庙。其他如镇海后丰林庙尊苏武为神，韩世忠和梁红玉端坐在北仑猫礁庙和镇海横溪庙戏台前，他们都成为当地人心目中的"菩萨"。按照宁波的习俗有"红庙、黄寺、黑祠堂"之说，故神庙的外观一般以红色为多，且是公众性的场所。特别到了明清时代，流行"庙脚"制，即每座庙都由数十户以上的百姓供养，这是我国古代社、庙合一的体现。"社"，即是村落，最初的人聚单位。"庙"即是护佑一方的神祇。据《鄞县志》记载：鄞州1000户以上庙脚的大型庙有40个，最大的庙脚有5000户，供奉的神灵共达212个，全县545个庙中多建有戏台。

2. 宗祠戏台。即以本宗族的成员与家族祖先共享同乐的古戏。

中华文明的主体是农耕文化，中国从周代开始进入到封建宗法社会，以血缘祖宗关系建立的国、家、宗、族都是一个个血缘的单元。而进入封建社会之后，从帝王至平民制定了一系列的礼制伦理。《说文解字》曰："礼，履也，所以事致福也"。认为"礼"更是"天之经也，地之义也，民之行也"，坛、庙和宗祠，就是"礼"的代表性建筑。因此祠堂又称家庙、宗庙，都是纪念和祭祀祖先的场所，一般二进二厢一明堂院落式建筑，左右对称，中轴线贯穿。

中国宗祠建筑最初是墓前的纪念性建筑物，《周礼》规定，"古者天子为七庙，诸侯五庙，大夫三庙，士一庙，庶人祭于寝"，有严格的等级规定，平民百姓不建宗庙，只能"家祭"，宋明之后逐渐完善和普及至现在这样的格局。宗祠又不仅是祭祖，更是处理家族事务的族权机构，而祠堂戏台起到敬祖宗、维系族内亲情作用，男女老幼尊卑有序地共享戏文乐趣。直到明代晚期，《明会典》祭祀通例规定，"庶民建里社，乡历及祖父母、并得灶，余皆禁止。"我国古代的乡里称社庙，即祭祀祖宗。清雍正《圣谕广训》"立家庙以焉蒸尝"，达到"敬宗收族"，也同时维护地方的安宁。故稍有规模的村落和市井同宗姓聚居处，大建宗祠和戏台，为敬祖、娱人之必须。

宗祠戏台的位置一般都在仪门与祖堂之间的"明堂"中间。"明堂"——明教化之堂，目不识丁的乡民在这里也可明教化礼仪知古今善恶，精神上得到慰藉。特别在清代中晚期，商品流动的发展，各族祠堂的规格攀比竞争、不少祠堂重建和重修，祠堂又成为光宗耀祖的场所。如宁海的魏祠，用"劈竹做"，两班工匠竞争做相同的工程，哪家做得好，就让那家做到完工，于是宗祠戏台就也成为宁波古戏台的主体了。

3. 会馆戏台

会馆是我国商业经济流通产物，是为同乡人士谋益济困的团体，唐宋之前已有雏形，即在远离故乡的城镇设立一处暂居处，供同乡、同行业办事、歇宿、求助或联络的机构，在宋元以后逐渐完善和扩建。宁波最

图2　由宁波同乡在北京的建造正乙祠戏台

图3　宁波庆安会馆戏台在演戏

早的会馆建于宋代绍熙二年（1191年），福建海商沈法询在城区江厦的住宅建妈祖庙和福建会馆，又称天妃宫，其实就是会馆。里面除了神殿以外，就是福建航运员工的议事、宿食场所，俗称福建会馆。当时的古戏台采用福建海运石料和甬上工匠通力合作，规格宏伟，惜乎毁于战火，仅存精美的历史照片。

会馆的建造在明清时逐步完善。如北京的鄞县会馆建于明末，三百年前，宁波人创建于北京的银号会馆正乙祠戏楼至今尚存（图2）。据宁波经济贸易促进会统计，"海内外宁波同乡社团达40余个。"在宁波，比较完好保存至今的是与福建会馆一水之隔的江东区庆安会馆和安澜会馆，又称"南号"和"北号"（图3）。

北号会馆以经营从闽南运来木材为主，久之形成了门前的木行路。该会馆始建道光三十年（1850年），西面对三江口的姚江激流。前进的戏台主要在于娱神，即"宫台"。而后进又有一个戏台，即是会馆职员及客商享用的会馆戏台，戏场能容百十来人。与北号会馆戏台相隔的"南号"，建成较北号早27年，即道光三年，也是闽广航帮的宫会合一的建筑。前殿是供奉天后的场所和娱神的宫台，后殿就是南号海商的议事场所和看戏的戏台。

海曙区钱业会馆的后门紧靠滚滚东流的姚江口，民国十三年（1924年），宁波的钱庄业已成为国内、乃至世界著名的金融中心，筹建成的会馆成为63家钱庄银号的议事和聚会之所，中西合璧的建筑群内，古戏台

依然采用宁波特有的样式，戏台成为会馆商家及相关宾客专用的祈神看戏之所。

宁波商帮不仅崛起于浙东，也创业于北京、天津及汉口、成都等及更远的海外。在清末和民国初，尤为重要的是上海。宁波帮人士以上海为依托足迹于世界各国，故上海建有一批最早的会馆和商会，其中闸北的钱业会馆也即宁波会馆，建成于光绪十四年（1888年），馆内有一座歇山翘角罗旋娥罗顶的古戏台。新中国成立后曾改为塘沽路小学，1975年迁入豫园内，誉为"江南第一台"，列为全国文保。

4. 街台和桥台。街台又称路台，宁波现存的街台仅四座，即宁海石浦、象山爵溪、鄞州古林和镇海汶溪，然而数十年来几近废弃。

街台，以街为台，平时为路亭，做戏时在四条石柱离地1.7米处安装横木搁板，就可演戏。戏台后场常与亭边的建筑物相通。然而由于难设固定的座位，大多站着看戏，场面虽然壮观，可秩序不免混乱，也不避尊卑老弱，过戏瘾看热闹与街头集贸民俗游艺结合，别有一番风情。如鄞州黄古林市集的街亭紧靠一座九狮桥，戏台的南面靠河，故在桥头和河岸及水中船上都可看戏。戏台的北部与资善观相通，因此道观就是戏台的后场。此外，宁海柘浦的街台是一座孑然无依的单体木构建筑，对面就是关帝庙，街口是集市中心。象山县的爵溪戏亭也是十字街的戏亭，平时不演戏时就是路亭（图4）。

图4　象山县爵溪街亭戏台

桥台，桥作戏台的是鄞州区邱隘镇横泾村的跨泾桥，桥与一座三元殿相连。立于桥畔的清代嘉庆甲子（1804年）《公禁碑》记载："桥旁建立亭台，本为中秋敬神，只许桥上演剧……"可见为了敬神，在桥上中秋节做戏。此桥全长12米，宽2.5米，与三元殿前的石板地相接有4米宽，而看场就在河道两岸。此外如下雨天，戏台朝向北岸的路亭。昔时演戏时桥上、水上、岸边人群涌动，出现了陆游诗中"东风忽送笙歌近，一片楼台泛水来"的诗情画意。

图5　鄞州咸祥庙古戏台檐下额枋角科花拱

114

三　宁波古戏台的文化和技艺

联合国教科文组织认为："文化是人类的生存和思想方式"。戏剧和戏台起源于人类的信仰崇拜，人类在满足物质生存的同时，必然追求精神和思想，因此古戏台是人类对生存和生活的祈求，古人寄情于舞乐其一是祀神，其二是娱人，因此古戏台的文化功能最简单的表述就是四个字：祈神、娱人。

1. 祈神、敬祖、娱人的人伦教育

中国古戏台有漫长的数千年历史，从原始到完善，从简朴到豪华，标志着社会地域和经济发展的轨迹，而文化总是渗透其中。如果广义来说，古戏台是古代大千世界的缩影，古戏台在方丈之中演绎千百年兴衰，于嬉笑怒骂间，将先人的生活和思想方式淋漓尽致而又通俗深刻中表露，可能这是任何一种文化艺术手段所难以替代的。如宁海县岔

胡古戏台对联道："数石之基，走遍天南地北；一方平台，演尽古今风流"；鄞东太白庙戏台对联："佞直忠奸，明看他一台青史；悲欢离合，隐示人片刻黄粱"。

明清时代浙东古戏台的大量涌现，既与地域经济和文化发展相适应，又揭示社会道德面临挑战。贫富差异、社会动荡造成明清时代社会变革的加剧，为此古戏台喻示世人共同努力维护社会稳定、家族安宁，古戏台以祈神敬祖为主要目的，但同时是在教育村人明理修身。

在旧时代，方圆十多里的村民一年之中难得看几次戏，故做戏的信息传出之后，古戏台周围总是人声鼎沸、热火朝天，在无序之中遵守规约，直到戏场散尽，带走多少唏嘘和感慨。如古戏台之前优先安排贵宾、长辈，左右二厢安排女宾及来客，一般的看众都集中在檐下和堂前同享戏中乐趣。男女老幼四邻八舍只有在戏台之前显得互尊户爱，戏台以外的杂货、食品、玩具、游乐以及算命、看相、排八字者共觅商机。古戏台也同时促进当地的经济发展，为社会的繁荣和谐也有贡献。

如清代段光清在《镜湖自撰年谱》中，说到在咸丰二年（1852年），他在宁波做官时路过鄞东石山弄村古庙中正在做戏时一段记录："余至石山弄，山上人聚如蚁垤。入庙，拥挤无座位。神殿前有戏台，余登台上，人声沸腾，要余出示平粮价，定盐界。……"但后来百姓也明理，戏照做，段光清回府后也迅速处理这事。

在宁波的戏俗中，一场戏解开一段冤的事也不少，村民之间的纠纷可以看戏了事，其他如祝寿、开业、请客、婚庆、酬宾等也以一场戏完事。

2. 与戏台相关的文化组合

一座戏台从选址建造到演出，其严谨度远远超过一般的民居和其他公众建筑。因为戏台犹如一面镜子，折射建造者的文化素质、建筑和雕饰手艺，及刻画书吟的文采。因为戏台的公众性，戏台又称万年台，时常承受千万人的指点和评判，何况看戏和看台二者兼而有之。戏台成为剧作、演员和看众共同交融和谐的媒介。下列与古戏台相关的文化内容至少有以下不可忽略的项目。

如戏台建造前后的策划设计、资金筹集、选址筹地等，戏台建造过程中的土木工程、木雕、灰塑、漆饰的工匠聘请、材料选备、施工管理等，戏台建成之后的祭台开台、祭祖敬神、邀请戏班、选择剧目等。

完整的古戏台还得请名人雅士为戏台题额和对联，"额"的位置可挂在檐下额枋中间，或挂于台上"太师壁"上方。如鄞州戏台有"鱼听台"、"九狮台"、"思无邪"；宁海有"飞云驻"、"星聚堂"、"今古鉴"；象山有"熙春台"等。戏台对联隽永深刻更令人拍案叫绝，如象山下马岙黄祠戏台联："真真假假，真不假，公侯将相皆为假；假假真真，假也真，喜怒哀乐才是真。"有一首对联说："文中有戏，戏中有文、识文者看文，不识文者看戏。调里藏音，音里藏调，懂调者听调，不懂调者听音。"宁波俗话说："内行看门道，外行看热闹"，古戏台就是雅俗共赏，既有门道，又有热闹，满足成千上万乡民的看戏愿望。

此外，与古戏台发展相关是明清以来文人从事戏曲创作的热心，宁波本地形成的甬剧、姚剧、平调及越剧、徽班、京剧、绍兴大班等，无不丰富了古戏台的演出。

3. 承先启后的木构建筑文化和技艺

宁波河姆渡出土的七千年前木构建筑遗存及各县市出土的新石器时代晚期遗存都证实宁波木构建筑的优秀和灿烂，近来宁波江北的春秋战国遗址又相继发现。现存宁波古戏台的木构榫卯构件，不仅完好承袭北宋官式建筑的严谨，而对于古戏台这样的单体性建筑，充分显示浙东明清木构建筑大木与小木的密切配合，在小木斗拱、檐角、额枋、花拱的品种和式样又有大量的出新（图5）。

宁波古戏台的一般高度为1.4～2.5米之间，高度与戏台中心相适应。

图7 宁海县岙胡村胡氏宗祠三藻井古戏台

屋顶则以浙东亭台的小青瓦或筒瓦歇山顶，灰塑龙吻，翼角起翘。戏台宽深约5米，台前台后多用石柱，略有侧脚，稍有木柱，装饰集中于檐枋和翼角，明清时的小斗拱和花拱在戏台上大显身手。更为精彩的是戏台的藻井，敦煌莫高窟268窟和山东沂南汉墓已在地面和地下置藻井，这类"交木为井，画以藻文"的顶部构造，象征人天沟通的"天井"。其功能为了扩展戏台空间，有利于戏台上刀剑、长矛、旌旗运行，也有益于拢音扩声，故一般最为讲究。藻井，建筑术语中

之"井"，不仅指下沉的空间，而向上凹入的也称井。宁波的古戏台由于戏台的顶部天花藻井进入了视线，因此稍为考究的古戏台，均用天花藻井遮掩戏台顶部的梁架。宁波古戏台普遍使用的藻井有娥罗顶藻井（鸡笼顶）、覆斗式八角攒尖、卷棚顶、同心圆顶等。这类藻井在唐代之前明确规定："非王公之居，不施重拱藻井。"但从宋明以来逐步在民间寺庙和大宅祠堂中应用，而且更"焕然鲜华"了（图6、图7）。

宁波各县市区的古戏台曾在各城乡凡是有规模人聚族的集镇和乡村都一哄而上建祠台和庙台，有的一直在新中国成立以后还在进行修缮和重建，见证了浙东优秀的建筑技艺优秀和辉煌，也见证了浙东的人文鼎盛和剧作、戏俗的繁荣和鼎盛。然而由于科学经济和文化的发展，古戏台逐渐冷落、拆除、倒塌和改建。幸存的古戏台目前都已列入各级文化遗产保护名录中，让后人共享和研究蓝天丽日之下这一大批灿烂的文化光辉。

图6 宁海城隍庙古戏台罗旋娥罗顶藻井

116

【嵊州古桥探析】

王鑫君·浙江省嵊州市文物管理处

摘　要：嵊州境内多水，溪江蜿蜒于村落、城镇之间，千古不绝。因水而有桥，因桥必有景，嵊州古桥作为历史遗产，体现出中国古桥所具有的深厚的中国传统美学理念和嵊州地方特点的文化内涵，也展现出中国古桥建筑上的高超技艺和具有嵊州地域特征的古桥建筑风格，是活的文物瑰宝。本文试对嵊州古桥作一考述，以期对嵊州古桥的历史、类型、特点、文化等价值作进一步的挖掘和认知。

关键词：嵊州　古桥　价值　探析

嵊州四面环山，溪流纵横，风景秀丽，自古就有"东南山水越为最，越地风光剡领先"之美誉。境内主要河流为剡溪，众多支流分布在盆地四周，其间又存有数百座古桥，犹如颗颗珍珠散落民间，串连起历史的印记。

嵊州市第三次全国文物普查共发现241座1949年以前建成并保存至今的古桥（包括13处兼具交通功能的砩坝），这些桥梁至今仍发挥着重要功能，其中不乏玉成桥、招隐桥、砥流桥、洗展桥，访友桥等为当地百姓耳熟能详的古桥。对于这些祖先留下来的文化遗产，很有必要加以梳理和研究。

一　嵊州古桥的历史与演变

桥是跨越河流、山谷、障碍物或其他交通线而修建的架空通道。除了交通的外在形态外，它也是历史和文化的凝结体。可以说，嵊州的历史是和桥的发展和演变紧密联系在一起的。

桥伴随着人类的活动而产生。远古时代，梁桥的前身——独木桥、堤梁式桥的前身——人工蹬步桥、索桥的前身——攀藤而渡的原始索桥便是它最为原始的形态。新石器时期，嵊州先民多生活在低山缓坡、依山面水的丘陵地带，小黄山遗址大量石斧、石锛的出现，特别是房屋建筑遗迹的存在证明，小黄山时代完全具备建造独木舟的条件。1971

年，三界朱孟在挖煤时出土与河姆渡文化同时代的独木船，更证明古剡溪流域渔猎耕作文化已相当发达[一]。由此可以推考，嵊州先民已经使用木排、竹筏、独木船等水上交通工具，作为原始古桥的又一种形态——架舟为梁的浮桥也已经出现并被使用。

与浮桥一样具有悠久历史的还有被中国近代桥梁专家罗英先生称作堤梁式桥的蹬步桥、石砩，至迟在大禹时代就已经被嵊州先民认识和使用。史料载大禹来到古剡大地，带领大家疏通了剡溪，并"毕功于了溪"。此前，人们利用高出水面的石块过河，受此类天然蹬步桥的启发，先人们在浅水处铆石筑堤、绝水为梁，创造出了人工蹬步桥和交通、水利两用的砩坝。

汉六朝时期，拱桥开始出现。虽然这一时期没有留存至今的实物，但自东汉开始大量拱券结构砖室墓的出现足以证明，拱券结构已经在建桥工程中运用，以拱券为桥身主要承重结构而建造的拱桥与历久弥坚的梁桥一起成为当时嵊州先民建桥的主要形态。嵊州桥梁见诸于史志的最早记载亦在这一时期，南北朝郦道元在《水经注》中讲到："剡县……东南二渡通临海……西渡通东阳，并二十五船为桥航……浦阳江又东径石桥，广八丈，高四丈，下有石井，口径七尺，桥上有方石，长七尺，广一丈二尺。桥头有磐石，可容二十人坐"[二]。

唐宋时期，国力强盛，经济繁荣，嵊州古桥建筑群星灿烂，异彩纷呈，发展达到一个新的高度。宋嘉泰《会稽志》中

有记载的嵊州桥梁有谢公桥、新官桥、和尚桥、浦桥、望仙桥（又名泰平桥）等11座[三]。《剡录》中虽然没有专门介绍桥梁的篇章，但在寺庙中多次提到古桥。如："清隐寺，路通四明雪窦山。……前有二洞桥，桥下清流涧湍激"。"福感寺，依小坡，有竹，前有桥"。"禅惠寺，右有回龙桥"。"普惠寺，依遥望山，有林樾，前有桥。"[四]

元、明、清、民国时期，嵊州先民继承了前人造桥的建筑技术，创造了辉煌的成果。代表这一时期最高成就的当为省级重点文物保护单位玉成桥。玉成桥造型美观，结构独特，与新昌县迎仙桥同属悬链线拱桥，为国内所少见。对此，全国桥梁专家唐寰澄教授有如此评价："国内少见的椭圆形拱，其上部为悬链线，构造精良，合乎科学，该桥的发现，填补国内古桥技术史的空白。"[五]据民国《嵊县志》记载："玉成桥在县西北三十一都砩头村北，清道光丙申年（1836年）马正炫建。"[六]玉成桥块石干砌，主桥呈南北走向，横跨于东江之上，全长41.47米，净跨12.50米，矢高6.30米，桥面宽4.72米。玉成桥作为嵊县至绍兴的必经通道，历经一百六十多年车马践踏而能保存完好，拱轴不变形且历史上未经修缮，实属难得，是古拱桥研究的宝贵实物资料，具有很高的文物价值。玉成桥现已被收入《中国科学技术史·桥梁卷》[七]。

不仅如此，这一时期建造的嵊州谷来三合村潭石自然村天成桥、谷来石城新村打石

溪自然村万年桥、谷来吕岙村镇东桥、北漳金兰村蔡家自然村金兰桥、北漳东林村载狮桥、龙亭桥、里南叶村上王家自然村继善桥、雅璜双虹桥等一批桥梁在建筑技艺上也有许多可圈可点之处。

二 嵊州古桥的类型

嵊州古桥造型多样，仪态万千，历史上主要有堤梁桥、梁桥、拱桥、浮桥、索桥等。

（一）堤梁桥

堤梁桥是桥的雏形，在嵊州农村被称为蹬步桥。堤梁桥在嵊州山区较为多见，特别是在谷来一带多有发现，数百年来为山区群众提供了生产生活之便，是山区生存状况的一个见证。在嵊州保存最好、最具代表的堤梁桥当属位于谷来镇联谊村下坂自然村的下坂蹬步桥，下坂蹬步桥呈南北向横跨下坂江溪，由19块自然巨石构成18孔蹬步，全长19米。该蹬步桥建于明代，经几百年洪水冲刷，风采依旧，向后人昭示了祖先的智慧。

在嵊州山区，还有很多砩坝。在交通功能上，笔者认为砩坝也应与蹬步桥一起作为堤梁桥的一种形态。明万历年间，嵊籍工部尚书周汝登有言："嵊田所赖者惟砩与塘"[八]。其时，嵊地因旱情盛于洪涝，筑砩挖塘为水利之要务，故民间多不遗余力，仅明万历《嵊县志》便列入砩坝70处。砩坝是水利设施，同时也具备交通功能，承担着桥梁的作用。如位于谷来镇东江溪的下砩，为明代建筑。砩坝呈东西向，中间位置施凹槽，长3.60米，并置立五只蹬石供村民行走。嵊州古砩坝大都散落在山区溪坑，且分布集中。

（二）梁桥

嵊州市现存古桥中，以梁桥、拱桥为主。在生产实践中，嵊州先民因地制宜，不拘一格，创造出了许多具有自身特点的梁桥。

三王堂独石桥位于通源乡西三村三王堂自然村村北，为单孔独石，可谓是嵊州最简洁的桥梁。独石桥全长2米，桥面采用形状不规则的一整块山石铺设，直接架设在自然块石砌筑的岸坎上，坑底亦砌筑自然块石。根据三王堂《操氏宗谱》记载推断，独石桥当为清中期建筑。独石桥与通向山岗的石砌古道相连，与山村古道构成古朴的氛围，是山区小桥就地取材的一个典例。以巨大自然山石作墩的公益桥也颇具特色。公益桥位于通源乡

[一] 嵊县文物管理委员会编：《嵊县文物》第5期，1982年10月版。

[二]《水经注》卷四〇"渐江水、斤江水……"。

[三][宋]嘉泰：《会稽志》卷一〇《桥梁》。

[四][宋]高似孙：《剡录》卷八《僧庐》。

[五]《嵊州桥梁图志（古桥）》之《玉成桥》。

[六] 民国《嵊县志》卷三《建置志·桥渡》。

[七]《中国科学技术史·桥梁卷》，科学出版社，第425页。

[八] 明万历《嵊县志》卷三《山水考》。

白雁坑村的石砌古道上,南北向横跨白雁坑溪,为双孔石梁桥,全长6.10米。该桥以一块长、宽各为1.30米,高1.20米的巨大自然山石作桥墩,上叠砌两块自然整石平衡稳固桥面,桥两岸亦用自然大块石砌岸,构造牢固,保存极好,具有典型的山区特色。

提起嵊州梁桥,我们还有必要说说金庭华堂村王氏宗祠石桥、三界三联村永宁桥和三界叠石村桥墩自然村的安吉桥。王氏宗祠石桥为三孔梁式平桥,与王氏宗祠同为明正德年间建筑,是省级重点文物保护单位——王羲之墓及王氏宗祠的重要组成部分,也是嵊州市现存唯一一座园林式石梁古桥。永宁桥为四孔梁式平桥,全长12.24米,桥墩南侧及桥岸均施水闸凹槽,可蓄水灌溉,是嵊州市唯一一座偕水利、交通两设施于一体的石梁古桥。安吉桥,当地百姓又称胡村桥,横跨嵊州、上虞两县,为三孔梁式平桥,全长13.85米,南侧桥堍边有同时代建造的路亭。碑记记载,此桥为汪伪政权《中华日报》总主笔胡兰成祖父胡载元领头捐款建造。由于历史的原因,象安吉桥这样一桥跨两县,石桥、桥碑、路亭三位一体的石梁桥,在嵊州仅此一例。

(三)拱桥

拱桥是一种以拱券为桥身主要承重结构而建造的桥梁,有折边桥、曲线拱桥等多种。

折边桥型在国内其他地区并不多见,而在江浙一带数量不少[一],在嵊州,更是保存了各种类型的折边桥。建造于清嘉庆二十四年的保佑桥是嵊州市境内最小巧玲珑的三折边桥。该桥位于谷来镇举坑村铜坑湾自然村村中,全长2.50米,桥高2.50米,由三板石梁拼合成1.06米宽的桥面。嵊州著名的三折边桥有和尚桥、访友桥等。和尚桥位于浦口街道浦东村无底井自然村,桥长5.30米,宋嘉泰《会稽志》已有记载,现桥虽为清道光、光绪年间几度重修,桥式仍承古制,为绍兴市有明文记载的最早的三折边桥。目前,嵊州较多保留的是三折边桥,五折边桥仅有北漳镇东林村载狮桥、翡翠村任坞自然村永昌桥等少数几座,已经十分珍贵。

曲线形拱桥是嵊州目前保留最多的拱桥类型。这些拱桥样式之多,造型之美,令人赞叹,常引得文人墨客以"长虹卧波"、"玉带浮水"来形容。嵊州有许多优秀的半圆形拱桥、椭圆形拱桥,如崇仁镇遂溪村招隐、洗屐、砥流三桥,崇仁镇石门村五福桥、甘霖镇毫岭村隆庆桥、长乐镇小昆村梯云桥、三界镇前岩水库水下文物前岩洞桥、石璜镇三溪村方潭自然村与雅璜乡雅璜村后溪自然村之间的大安、石璜镇三溪村梅溪自然村寨安桥、谷来镇三合村潭石自然村天成桥、谷来镇石城新村打石溪自然村万年桥、谷来镇双溪村大坂自然村永济桥,谷来镇双溪村天保桥、仙岩镇谢岩、白岩、强口三村交界处的强口桥、金庭镇新合村念宅自然村善缘桥、北漳镇金兰村蔡家自然村金兰桥、北漳镇东林村至小柏村公路北侧龙亭桥、北漳镇翡翠村任坞自然村福德桥、下王镇何村庵山桥、里南乡上王家继善桥、雅璜乡雅璜村双虹桥等等。尤其值得一提的是福德桥，作为拱桥，其做法相当独特。福德桥桥宽达22.21米，由五座高度、跨径相同的石拱桥并列组成，从桥孔中观望，每座桥仅隔一拳，而桥面平整无缝、浑然一体，这样的并列多孔石拱桥在绍兴仅发现两座。此外，福德桥桥拱之上还建有连接福德庙大殿与戏台的廊屋，桥庙一体，设计匠心独具。历史上，嵊州还有不少这种类型的桥。如民国《嵊县志》卷三记载："济渡桥，在县东七十里，明景泰间王汤仲建，有屋五间。""金山桥，在县东八十里，上有廊屋，清嘉庆二十二年重修。"[二] 位于雅璜乡雅璜村的双虹桥又是另外一种特色。据清道光《嵊县志》载："双虹桥建于清嘉庆三年（1798年）"[三]。双虹桥为双孔半圆形石拱桥，全长30.6米。该桥整座桥梁全部用乱石筑成，是嵊州境内为数不多的纪年确凿的双孔石拱桥，构造牢固，保存较好，历经两百多年仍岿然不动，真是一个奇迹。因为历史的原因，嵊州市目前还保留有一座完整的水下拱桥——前岩洞桥。前岩洞桥位于三界镇前岩水库尾梢，建于民国，1958年水库正式蓄水后淹没水下，2008年11月进行病险水库修复时重出水面。抓住这一短暂的机会，文物工作者曾做过调查。除了半圆形拱桥、椭圆形拱桥，在嵊州，先民们还因地制宜地设计建造出了悬链线形拱桥、尖拱形拱桥、蛋圆形拱桥等一些较为少见的拱桥形式。悬链线形拱桥的代表——省级重点文物保护单位玉成桥本文已作介绍。位于崇仁镇淡山村村东龙潭坑的龙门桥，则是嵊州市唯一一座尖拱形拱桥，根据建筑风格判断为清中期建筑。位于王院乡丰田岭村洋大坑自然村村北小山脚下的庙外盐簖桥，是嵊州市境内发现的唯一蛋圆形拱桥。这些桥梁的设计别具一格，拱形样式有别于其他桥梁，体现了嵊州先民的聪颖好学和活学活用，丰富了嵊州古桥造型类别，具有较高的历史文化价值。

（四）浮桥及其他类型桥梁

浮桥多建在河面宽、河水深的地方。在嵊州，1949年以前遗留下来的浮桥已经难得一见，但在史书上记载较多。如民国《嵊县志》卷三在记述"南门桥"一段时，有记载"在南门外南津渡当南北通津，元末有浮桥废"；在记述"西门桥"一段时，有记载"在西津渡，宋时建二十五船浮桥"[四]。

此外，古代剡溪流域多剡藤，山谷中有藤桥。古籍中记载"剡溪清风峡有栈桥"。可见，在历史上，嵊州一带还存在索桥、栈桥等桥梁类型，惜今已不存。

[一]《中国科学技术史·桥梁卷》，科学出版社，第234页。

[二] 民国《嵊县志》卷三《建置志·桥渡》。

[三] 清道光《嵊县志》卷二《桥渡》。

[四] 民国《嵊县志》卷三《建置志·桥渡》。

121

貳·建筑文化

三 嵊州古桥的特点

一方水土养一方人，嵊州先民充分发挥自己的聪明才智，所建古桥形态各异、类型丰富、各具特点，展示了历代嵊州先民精湛的技艺和丰富的想象力。

（一）傍山临水　奇巧险峻

为了适应嵊州山水沟壑多如网织的特殊地理环境，先民顺从自然、精心构思，所建桥梁融于自然山水之间，奇巧险峻，使之成为一道道展示越乡风情的亮丽风景线。

位于谷来镇石城新村打石溪自然村的万年桥，桥呈东西向横跨竹溪江，全长26米，为双孔半圆形石拱桥。把万年桥建在这条溪江古道上，使得山溪景色更加秀美，给人以一种静谧、空灵之感，恰是一派桥美、山秀、水净的好风光。与万年桥同处谷来镇的天成桥位于三合村潭石自然村，为双孔石拱桥，全长23.2米，与护国岭至诸暨古道连接，沿岸有徐氏宗祠和夯土墙身的简朴民居建筑群，老桥、清溪、古树、老屋交相辉映，漫步其间，仿佛时光倒流。位于王院乡丰田岭村洋大坑自然村的庙外盐簖桥和贵门乡金溪坑村梓溪自然村的罗汉桥与山水的结合则是另外一种风情。洋大坑自然村村北小山上有两块高耸而形状奇特的大石，当地俗称盐簖石，风景十分秀丽。庙外盐簖桥就东西向横跨在附近的洋大坑溪，为单孔龙门拱石拱桥，古朴自然，浑然天成。罗汉桥位于长乐至东阳的古道上，桥西有石和尚景观，东西向横跨梓溪，为单孔石拱桥。罗汉桥曲线优美舒展，犹如飞虹苍龙，与周边独特的

自然环境相得益彰。尤其值得一提的是，溪流经桥而下，前方不远是悬崖峭壁，溪水直泻而下，溪潭深邃，气势磅礴。此外，崇仁石门梯云桥、三界叠石桥墩安吉桥、谷来吕岙镇东桥、金庭念宅善缘桥、北漳蔡家金兰桥、下王何村庵山桥、石璜大安桥、寨安桥等古桥也自成特色，与山水相依、人文相融，值得一书。

将桥墩巧妙地建筑在溪流两岸的巨石上，是嵊州古桥的又一大特色，这样可以确保桥梁的安全。如位于北漳镇东林村至小柏村公路北侧的龙亭桥，系单孔石拱桥，全长8.6米。北漳地区的花岗岩地貌在龙亭桥身上得到充分体现，在桥的上下游，河床全部是连片光滑的花岗石，十分壮观。桥以巨石作墩，桥拱与两端相接点不在一个水平线上，高差约0.8米。设计者巧妙利用桥两端的巨岩作墩，全桥有稳如磐石之感，虎踞龙盘之势。民国时期《越游便览》书中曾有龙亭桥照片，说明其时，龙亭桥便是一处名胜古迹[一]。依据石桥结构，参照村民传说，龙亭桥的建筑时期当在清早期。又如位于长乐镇小昆村村东南山溪上的梯云桥，该桥东西向横跨小昆村山溪，为单孔石拱桥，全长9.13米。该桥以两岸山体自然岩作为桥基，基高2.5米。梯云桥东南面设有引桥，依附于岩壁上，同样设有拱券，其拱跨3.3米，高1.6米，它也是利用自然高起的岩石作为基石。该桥利用自然岩石作为桥基，可靠牢固，设计较科学，同时引桥设置拱券，这在布局上具有独特性，在嵊州市来说也是唯一的。

（二）"太平"难平　命运多舛

嵊州市南北长55公里，东西宽65公里。境内四面环山，海拔在400米以上的山峰就有97座，主峰西白山，海拔1017米，中部和东南部较低，略呈盆地状，海拔最低的地方接近海平面，境内澄潭江、长乐江、新昌江、黄泽江四大水系呈向心状分布，由剡溪至三界以下汇入曹娥江。嵊州历年降水量大、强降雨天气多、集雨面积集中，处于这样一种地理环境，加之历史上多台风侵扰，极易发生山洪、泥石流等灾害性天气，各类桥梁往往首当其冲，成为受害的对象。因此，嵊州古桥可谓是命运多舛。仅以民国《嵊县志》记载的镇东桥为例："镇东桥，在县西北黄箭岭下，清嘉庆七年（1802年）黄姓建，道光五年（1825年）圮，黄姓重建，光绪二十五年（1899年）圮，二十七年（1901年）众姓捐建"[二]，县志表明建桥后的短短100年间，镇东桥居然两次倒塌，两次重建。又如位于三界镇嵫浦村招士湾自然村104国道旁的望仙桥（又名泰平桥），宋嘉泰《会稽志》就有记载[三]。明万历、崇祯年间两度重建，后为洪水冲断，布以竹木，屡修屡坏。清康熙六年（1667年）易址重建洞桥，后又毁坏。清嘉庆己卯年（1819年）再次重建。鉴于此段河道水流湍急，所建桥梁屡被冲毁，现存石桥设计者特别注重桥梁的防洪抗灾能力，桥面桥墩砌体用材均十分厚重，桥板厚达50公分，桥墩宽达2米，墩高8米，为迄今嵊州市发现的最为坚固厚重的古石桥。

嵊州境内许多古桥的历史渊源可以追溯到唐宋甚至汉六朝，但基本是屡毁屡修，现存古桥主体建筑多以清朝、民国时期为主。经过明确考证，现存建筑主体为明代的仅有庵山桥、载狮桥、金庭王氏宗祠内拱桥、湖头桥、强口桥、下坂蹬步桥、马溪桥头碑等少数几座，明代以前的古桥已经极少留存。因此，嵊州先民喜欢以"太平桥"、"平安桥"、"长安桥"、"长生桥"、"万年桥"、"万寿桥"、"万安桥"、"永安桥"、"永镇桥"、"永宁桥"、"永年桥"、"永保桥"等名字命名古桥，以表达希冀桥梁永固万年的美好愿望。不完全统计，在嵊州市现存的古桥中，有近四十座古桥据此命名，其中以"太平桥"命名的达六座，以"万年桥"命名的达五座，以"平安桥"命名的有三座。

为使桥梁更加坚固，嵊州先民除了在建筑桥梁时认真考虑选址、用材、工艺等因素之外，还在改善其周边小环境上动起了脑筋。如位于谷来镇马村城后自然村的古平安桥，据村中老人讲述，唐宋时此地就有石梁

123

[一]　萧绍兴长途汽车公司编著：《越游便览》，1934年版。

[二]　民国《嵊县志》卷三《建置志·桥渡》。

[三]　[宋] 嘉泰《会稽志》卷一〇《桥梁》。

桥，名平安，但平安桥不平安，山洪暴发时，桥屡被毁坏，寿命不及百年。为缓和洪水对桥墩的冲击，后来当地百姓采用了在古平安桥桥南20米，桥北50米各筑一道石砩的办法，终于解决了山洪暴发水流湍急桥易毁的问题。根据考证及民国《嵊县志》记载，现存古平安桥为清道光元年监生马潮清等捐建，已历经近两百年而不倒，平安桥从此平安。与古平安桥一样，桥砩结合是嵊州山区溪江中建桥的较常见做法，在当时具有相当高的科学价值。同样如省级重点文物保护单位玉成桥上游距桥分别50米、154米，下游距桥52米处各设有一道石砩，有效减轻与缓和了洪水对玉成桥的冲击，确保了安全。

四　凝结在嵊州古桥上的社会文化因子

一座座古桥，就是一段段活的历史，见证着嵊州的荣辱兴衰。透过桥梁的建造形式以及与桥相关的风俗、典故，可以为我们展示嵊州不同时期、不同阶层人们生产、生活的方方面面，为我们研究地方社会文化提供重要的资料。

（一）建造桥梁是民间的善举

嵊州先民习俗好义，凡当地兴建大事，及寻常施舍，虽家非素封，亦耻居人后。在古代，修桥铺路方便行人，是一种有益于社会的善举。因此，除了地方官府大多重视修桥铺路，将之作为德政之外，嵊州历代百姓亦非常愿意把这视为"积阴德、荫后代"的善举，乐意赞助。

这样的乐善好施，在嵊州有记载的可以

上溯至汉六朝时期，当年出生、成长在嵊州的"山水诗派"开山鼻祖谢灵运振臂一呼，邀集当地百姓架桥铺路，修建了从始宁至临海的旅游道路（包括路中的桥梁）。之后，这样的好事之举，历朝历代均有不少记载，其中包括像玉成桥这样的大型桥梁。《马氏家谱》记："正炫郡举乡宾……操计然业，往苏禾贸易……富拟陶朱……乐善好施，岭路崎岖，独出厚赀修砌。……病革……在砩头修桥，（其子）急成父志，即鸠工庀材，不期年而桥竟成"。说起玉成桥的建成，当地还流传着这样一段有趣的传说：一百五十多年前，嵊州举坑人马正炫请来了一位东阳的造桥师傅，利用本地石材，设计建成了一座半圆形石拱桥。谁知在拆除拱桥木架时，半圆形的桥身开始慢慢变形，变成了一座半椭圆形的拱桥，造桥师傅吓得连余下的工钱都没算，就连夜回东阳去了。一段时间后，半圆的石拱桥变形到一定程度时，便不再变形了，呈悬链式线型结构，不仅坚固耐用，而且美观。当地百姓因马正炫为来往行人玉成了建桥之事，就将此桥称为"玉成桥"。位于里南乡叶村上王家自然村的继善桥全长40.82米，拱跨达15米，造型宏伟美观，极有气势，既是文物古迹，又是景观建筑。这样一座大型桥梁，同样也为乡人所造。相传以前这里架有一座木桥，为全乡人民出入的要道，每当汛期到来，便经常出现险情。民国四年，民间热心人士发起筹建"继善桥"。当时经办人员为了保证桥的质量，采用竞争机制，将桥一分为二，分别雇请东阳县八面山和本县施家岙的石工师傅承建。两班人马都是能工巧匠，第一年正月同时开工，翌年腊月同时完工。砌桥石块全是手工凿成，两半合拢后浑然一体，滴水不漏。现在，继善桥已是该乡的一座标志性建筑。

位于嵊州市里南乡奖山村石研湾自然村村南与东阳交界处的东嵊桥则见证了嵊州、东阳两地百姓协力共建古桥的历史。桥北侧石梁阴刻："东邑二四重建人□□出洋壹拾无全□□捐洋二佰二十元（空二格）和尚山□□助洋八十五元"，东嵊桥为两地百姓共建共用，具有特殊的历史意义。

自民国以来，随着妇女地位的提高，由女子出资建造桥梁的情况也屡见不鲜。位于三界镇前岩村澄溪善会桥是一座由5名女子联合捐建的石梁桥。根据善会桥碑记载："善会桥接连通衢，向本架木编竹以济行人，然每过山洪暴发，桥辄坏，行旅至此，常望洋兴叹。民国七年间，曾有人募资建石梁桥，以冀永固，终因经费不敷，中途停辍。乡人吴嘉竹之妻陈氏深明大义，以为斯桥不可久废，出头联络吴载绩妻陈氏、吴茹馨妻李氏、俞王氏、吴玉轩妻李氏等5位闺中密友，慨出己资建成"。善会桥至今仍为澄溪村民出入通道，桥碑保存完整，字迹清楚，为研究嵊州旧时山区妇女的社会地位、生活状况提供了实物佐证。

（二）古桥与宗教的关系

桥与宗教有着千丝万缕的关系。在嵊州，历代僧人道士及其信徒们把修桥铺路作为"广结善缘"、"济世渡人"的功德，热心此类善事，历史上由寺观和信徒捐资兴建的桥梁在古桥中占有一定比例。

位于浦口街道多仁村村西的湖头桥，为明嘉靖建筑，现保留有残碑铭文："湖头桥甞大明嘉靖十五年岁在丙申仲冬吉棠溪信士□□□造"。位于三界镇二溪村溪头自然村村南的广济桥，为四墩五孔石梁桥，全长20.1米，桥中间孔南北侧石梁上均镌刻阴文楷书"广济桥，民国甲子立，信女谢月记喜助，清瑞堂经理"。这些题刻说明，古代宗教组织及其善男信女们确实为当地老百姓做过许多善事，在民间留下美名。同样，位于浦口街道浦东村无底井自然村的和尚桥、位于金庭镇新合村念宅自然村村西的善缘桥、位于崇仁镇王家年村村南的敬神桥等等，与宗教亦有着千丝万缕的关系。

宗教信仰者还往往在桥梁上注入宗教文化。如位于谷来镇石城新村打石溪自然村的万年桥，分水尖上立八角形镇水石柱，六侧柱面上分别阴文镌刻：南无青除灾菩萨、南无大神菩萨、南无紫贤菩萨、南无红将菩萨、南无白除水菩萨，南无黄隋求菩萨。下王镇清溪村桥上自然村万安桥，北侧栏板中间立七边形镇水石柱，柱头雕成"石葫芦"宝顶形，柱体七个立面分别镌刻楷书：南无妙色如来，南无广德如来、南无弥勒如来、南无甘露如来、南无阿弥如来、南无多宝如来、南无宝胜如来。在嵊州市的古桥中，许多桥面柱头、实体栏板中还雕刻仰覆莲图案等，如谷来镇吕岙村镇东桥、金庭镇晋溪村晋一自然村会龙桥等，均与宗教有关。一般来说，桥梁上的莲花石刻属于佛教文化，八仙纹样则属于道教文化。

（三）古桥丰富的人文积淀

让过路者通行，这是各类大小桥梁最基本、最主要的功能。同时，嵊州古桥多曲线柔和，使人联想到"小桥、流水、人家"的诗情画意，其美观的造型，为周围环境增光添彩。更为重要的是，嵊州许多古桥的背后都蕴含着历史，有深厚的人文积淀。

汉六朝时期，随着政治、经济中心的南移，古剡之地成为豪门士族避乱隐居的理想场所，也是他们寄情山水的佳境胜地。王羲之结庐金庭，谢灵运出生始宁，戴逵抱膝剡山，这些名人徜徉在剡县的名山秀水之间，留下了丰富的人文胜迹，也留下了他们与古桥之间的风流韵事。宋嘉定甲戌年高似孙所著《剡录》提到王羲之曾经生活的金庭，谓"其东有仙人走马岗，岗有路迹，下有龙湫，水极清冽，下流为小涧，有赤水桥。"[一]"山水诗派"的开山鼻祖谢灵运不仅留下了反映剡地山水的不朽诗篇《石壁精舍还湖中作》、《登临海峤初发强中作》

等[二]。更值得一提的是，他还亲自主持修建了一条从始宁南山，经剡县，至临海郡天台山长约130里的旅游道路，谢灵运也因此成为这条古道上众多桥梁的创始人。《南史·谢灵运传》："尝自始宁南山，伐木开径，直至临海，从者数百人。"[三]如位于仙岩镇谢岩、白岩、强口三村交界处的强口桥，与它相关的故事是谢灵运曾住在当地，有一次因为非常口渴而到桥下喝了一口清凉的溪水，于是这座桥也就有了特别的名字。强口桥采用乱石拱形式，明成化《嵊县志》已有记载[四]，现桥主体当为明代所建。在音乐、绘画、雕塑、文学诸方面卓有建树的戴逵父子于东晋永和年间来剡隐居，如今在崇仁逵溪村有招隐、洗屐桥等。县志载，此两桥皆为戴公遗迹。现桥为清晚期建筑，1988年公布为市级文物保护单位。市区艇湖山下原有子猷桥，典出王子猷雪夜访戴一段佳话，并诞生了"乘兴而来，兴尽而返"这一成语。

唐宋时期，追随着王谢的遗风，李白、杜甫、白居易、朱熹、苏东坡、陆游等文化名人游历剡中，留下了不少咏剡佳句和访剡遗迹，成就了名闻千古的"唐诗之路"。因有着优雅别致的造型且工艺精湛，众多嵊州古桥自然成为了咏诵的对象。如唐代诗人温庭筠《宿一公精舍》："松下石桥路，雨中山殿灯"等等[五]。与这一时期有关的古桥中，不能不提到访友桥。访友桥位于贵门乡白宅墅村西，南宋时鹿门书院创办人吕规叔就在这座小山村里建有别墅。著名理学家朱熹与吕规叔素有交往，宋淳熙九年（1182

年），时任浙东常平盐使的朱熹来嵊赈灾，特地登门拜访，于村口桥上与故友相逢，"访友桥"也因逢两位宋代大儒而得名。对于此事，民国《嵊县志》亦有记载[六]。此外，在唐宋时还有许多有关嵊州古桥的典故。《资治通鉴》有关裘甫起义军的详尽记载，石璜镇梅溪村三溪江上今仍架有一座名为"寨安桥"的石桥，其桥碑也有裘甫起义发生于此地的相关记载，取"寨安"之名，应与当年裘甫曾在此安营扎寨有关。位于崇仁镇新官桥村东田野的新官桥现为清道光建筑，嘉泰《会稽志》中记载的桥名就已称为新官桥。新官桥的由来有一个美丽的传说，相传很久以前当地有户人家嫁女儿，花轿要过村口的石板桥时，正好遇上一顶官轿，两轿无法同时通行。这名新赴任的官员在双方轿夫意欲争先时，示意手下停下轿子，下轿礼请新娘子的花轿先行通过。这边出嫁的姑娘也让轿夫停下轿子，礼请官轿先行。最后新任官员说，女子一生只出嫁一次，我皇榜在身，迟一刻钟上任无妨。两边互相谦让之事，在当地传为佳话，石板桥也因此更名为新官桥。

到元、明、清、民国时期，嵊州更是留下了许许多多关于古桥的故事。如嵊州东乡最宏大的石桥——位于北漳镇金兰村蔡家自然村村口的金兰桥与辛亥革命志士、廿八都村张伯岐有关。清末，辛亥志士张伯岐参加绍兴大通学堂起义失败，遭清廷逮捕，押解原籍处决。革命党人在清风岭下劫下囚车，张伯岐脱险后避居蔡家。辛亥革命成功后，张伯岐任镇海炮台司令，致力于家乡办学建桥等公益事业。1926年，张伯岐发起修建金兰桥。因辛亥革命时期张伯岐曾一度隐蔽于蔡家一带，与当地乡亲相交颇深，使他一直铭记着这一段恩情，遂倡议捐资建造此桥，暗合"义结金兰"的典故。

其实，考证每一座古桥，我们都可以发现积淀在其中的人文元素、历史故事。这些故事，是如此的生动而凝重。

古桥是江南水乡的一大特色，嵊州古桥不仅在古代起着连接交通的作用，时至今日，许多古桥仍在发挥着这方面的作用。同时，各时期的桥梁是聚集历史不同阶段人物、浓缩各类生活场景的场所，与众多具有重大意义的历史事件、信仰、重要文学作品、民俗传统有着直接而具体的联系，是嵊州历史传承和文化传播的载体和纽带。我们希望人们能对古桥有更深更多的了解，更能用实际行动来保护好它们。

127

[一] [宋] 高似孙《剡录》卷八《僧庐》。

[二] 《谢灵运山居赋诗文考释》，中国文史出版社，第166、171页。

[三] 《南史·谢灵运传》，岳麓书社，第311页。

[四] 明成化《嵊县志》卷五《祠庙　桥梁》。

[五] 《历代咏剡诗选》，浙江古籍出版社，第48页。

[六] 民国《嵊县志》卷三《建置志·桥渡》。

【宁波鼓楼与宜春鼓楼之比较】

杜红毅·宁波市天一阁博物馆

摘　要：宁波鼓楼与宜春鼓楼历经磨砺，保存至今。本文通过两地鼓楼在建筑选址、环境现状、建筑模数及历史价值等方面的比较，浅析了宁波鼓楼与宜春鼓楼的古建筑艺术及文化渊源。

关键词：宁波鼓楼　宜春鼓楼　古建筑　比较

鼓楼，中国许多城市的历史文化建筑之代表，许多历史文化名城都有保存完好的鼓楼，如西安的钟鼓楼、南京鼓楼、徐州鼓楼等。一个城市若能有一座钟鼓楼，那雄浑的钟声和悦耳的音乐将能给这座城市带来一种典雅和浓厚的文化氛围。宁波鼓楼就是这样一座镶嵌着城市记忆的古建筑。

2011年，浙江省人民政府公布第六批省级文物保护单位，宁波鼓楼榜上有名，根据省文物局要求及文保"四有"档案的工作需求，笔者深入地去了解宁波鼓楼，开始对它进行了主卷、副卷、备考卷的建档，在实际工作中挖掘出了宁波的鼓楼的独特魅力。2006年，笔者曾行车近3000公里，对江西的鹰潭、宜春、赣州、九江四城市进行了相关遗迹遗址的专题考察，发现宜春鼓楼与宁波鼓楼有很多相似之处。虽然它们所处的地域文化不尽相同，从而形成了各自独有的特色，但在建筑选址、环境现状、建筑模数及历史价值等方面都存在着一些共性的东西。

一

宁波鼓楼，也称谯楼，位于浙江省宁波市海曙区公园路2号，是宁波市传统街区的重要组成部分。它始建于唐长庆元年，据史料记载，早在唐长庆元年（821年），刺史韩察就将明州州治迁移到三江口，并在今公园路一带建筑了明州城，用砖头砌筑城墙并开挖护城河，鼓楼就成了明州城的南城门，唐末，又成为州府衙门的所在地。现存的鼓楼是清咸丰五年（1855年）由巡道段光清所督建。民国二十四年大修，又增加了若干建筑。因此，鼓楼此次晋升省级文保单位，公布的年代为清、民国。

宜春鼓楼，又称袁州谯楼，位于江西省宜春市旧城区西部中央鼓楼路的中段，是宜春市最为重要的古建筑，始建于南宋嘉定十二年（1219年），在南唐保大二年（944年）由袁州刺史刘仁瞻建造，当时也是袁州府署的一部分。它的最底部的墙基部分为南宋时期砌筑，并有铭文砖"皇宋淳祐十一年"为证。台墙为明清两代维修砌筑，有明"洪武十年"和清"道光十六年"、"同治二年"铭文砖为证，木结构为主体的谯楼木梁上题字为"大清光绪十四年"。这说明现存建筑历经南宋、元、明、清四朝，由于其始建的绝对年代早到南宋，因而它是中国现存最古老的天文台遗存之一，2000年被江西省人民政府公布为第四批省级文保单位。

两地鼓楼在旧城改造前同属于两个城市的城区中心，鼓楼路贯穿于其中，作为文保单位在修缮前，整条鼓楼路是非常纷乱的杂货市场，交通复杂，两侧是比较破旧的居民楼；底层是商铺店面，上层是住人的砖木民居，路面是斑驳的青石板，周围环境纷杂，电路线如蛛网密布，随着城市的发展建设需要，两地市政府都对鼓楼路片区重新规划，对具有历史价值的古建筑进行保留并做修缮，同时把鼓楼这一片区域纳入了政府和商业区的规划。

宁波的鼓楼，已成为宁波主要传统街区的文化活动聚散地，整个地区的建筑充分体现出江南水乡的特色。两旁是仿宁波传统建筑风格的商店，小青瓦双坡屋面，马头墙外加各种各样精细的外墙木装饰，使鼓楼周围即具有传统商业街的风貌，又具有强烈的历史文化质感。在此基础上，市政府今年将进一步加大对鼓楼周边步行街的改造与提升，全新的规划设计会把文化与时尚相结合，展现宁波鼓楼的全新风貌和历史文化，成为一个融文化与商贸于一体的热闹街市，也就是商贸繁荣、文化气息深厚的百姓休闲场所。而宜春市的规划是以鼓楼为中心，以商业开发为主的一个大片区。围绕着鼓楼建设成一个大广场，鼓楼路拓宽，形成一条商业步行街。目前，鼓楼路周围环境较好，地处广场中心，步行街的中段，将鼓楼从原来的紧压在民房中变成四周开敞的重心楼，从东南西北面各个方向都能看见雄伟的鼓楼，深得宜春老百姓的认可。

由此可见，两地的人民政府在规划中都充分考虑到要正确处理好文物保护与旧城改造之间的关系，将保护文物古迹与改善城市环境有机结合起来，一方面通过旧城改造来加强文物保护，发挥文物的景观功能与经济效益，另一方面通过对文物的修缮和保护，打造城市文化亮点，增加文化品位，实现文物保护与城区开发的良性循环，并且共同提倡保护好这一重要的文物景地，开发好这一最具特色的文化项目，抓住这最具潜力的旅游资源，来推动全市的文明建设。

二

宁波鼓楼，现占地面积为七百多平方米，总高约28米，城高8米多，门道深16米，门宽6米，为弓形的石建筑。其东北依城墙设有踏道，可拾级登上城楼；楼门为三层瞻歇山顶，五开间。在三层楼木结构建筑中间，建造了6米高的水泥钢骨正方形瞭望台及警钟台，并置有一口大铜钟，四面如一，既能报时又可报火警。宁波鼓楼的特别之处是它的基座本来是一道城墙，呈长方形基座，正中拱圆形城门，可以开车走人。

宜春鼓楼，它是一座高台基、二层抬梁、重檐式、小式做法、木构架古典建筑古楼。楼台占地面积约780平方米，台高5.5米，台上两层高楼，楼宽23.3米，长11.8米，高12.8米，楼的屋脊顺南向北。紧靠主楼的东北和东南翼，各伸出一平台，两台均台长19米，宽7.4米，东西突出主台9米。主台和南北观天台呈"π"字形布局。

两地鼓楼历经数个朝代，几经兴废，保存至今。在修缮前都有相似的残损情况：主台墙体结构完整，墙面有污渍、杂草及苔藓；部分清时期修缮的台基砖表面出现风化、裂纹；门拱石有明显风化；台阶的磨损比较厉害，少许还出现破碎现象；层楼内有的墙面灰空鼓、脱落；地板霉烂、开裂；玻璃窗窗扇陈旧等情况。两地市人民政府为了保护这一历史遗址，都数次拨款予以维修，虽然在维修时采用的具体方法、措施不同，但是双方古建筑维修人员在维修中都共同把握住了几大原则：

1. 不改变文物原状。《中华人民共和国文物保护法》和《文物保护管理暂行条例》明确规定"不改变文物原状"是修缮古建筑必须遵守的原则。并要求以"保护为主、抢救第一、合理利用、加强管理"的文物工作方针为指导思想。《威尼斯宪章》认为：对于文物建筑的保护，既要作为历史的证物，也要当作艺术来保护。

2. 实事求是，一切从实际出发。修缮中要有一定的科学依据，决不能凭自己的主观臆断，更不能根据自己的审美观作随意的增减或改动，修复后达到"恢复文物原状"、"见证历史，传承文化"的目的。"恢复文物原状"就是保持其历史的真实性，所谓的历史的真实性，文保"四有"档案所记录的详细内容就是其中之一。

3. 为保护文物，完整木构件体系，在不影响木结构荷载稳定的原则下，必须充分保护建筑本体及其历史环境的完整性和延续性，尽量保留原构件、原尺寸、原工艺，不得随意改动原有的格局和细部。真正反映其历史的真实性、完整性和延续性。

4. 在维修时，因功能的需要和维修要求所进行修复的增加与设施材

131

料，均要做到可识别性，根据不同的材料特性，作出标识或文字记录，以便今后识别。

三

宁波鼓楼至今已有一千一百多年的历史，是宁波建城的标志性建筑，也是目前宁波市唯一仅存的古城楼遗址。鼓楼的下部是典型的中国传统城楼样式，城楼上建的却是罗马风格的西式钟楼。在全国这种布局非常少见，使之成为宁波一道独特的风景。而宜春鼓楼是我国乃至世界上现存最早的地方时间工作天文台，具有重要的历史、艺术和科学价值，它的规模、规格、功能在我国同类型的地方天文台中是具有代表性的。两地鼓楼在旧时都具有守时和平时击鼓报时，战时侦查瞭望，保卫城池的作用，都是科学技术与艺术的结晶，反映了人类文化的成果，是历史研究中的重要实物，是当时物质与精神文明的标志。

宁波鼓楼与宜春鼓楼，由于它们所处的地理位置和特殊作用而成为文人荟萃之地，留下了许多感物诉怀的诗文墨宝，充满了浓郁的人文气息和艺术感染力。宋仁宗庆历八年（1048年），新上任的鄞县县令王安石在《新刻漏铭》中表示，要以像鼓楼上置有的刻漏计时的刻漏那样勤奋、准时、刻苦的精神来处理政务和治理鄞县。其文曰："自古在昔，挈壶有职。匪器则弊，人亡政息！其政谓何？勿勿迟，君子小人，兴息维时。东方未明，自公如之，彼宁不勤，得罪于时。厥荒惰废，乃政之疵。呜呼有州，谨哉惟兹。兹惟其中，俾我后思。"明宣德九年（1434年），太守黄永鼎在

明远楼的基础上重建鼓楼，楼上正南面题名为"四明伟观"；北面悬额"声闻于天"。

同样根据同治《上高县志》第十四卷记载，乾隆三十八年（1773年），上高邑令沈可培曾作《敖阳竹棱词》，全诗如下："袁州更漏瑞州春，物候能知气候新。一样茆岗龙洞水，早潮晚汐更含神。"在这首诗中，沈可培明确指出袁州（鼓楼）古谯楼有古铜壶。宋淳熙四年知州张杓重建谯楼时，在楼旁创建"颁春"、"宣诏"二亭，并修建了隐斋，张标题额并作记。明清时在谯楼的东西二额相继题"迎曦"和"余辉"二匾。

两地的鼓楼在建造时都曾作为当时的州府、府署、衙门所在地，相当于现在的城市中心位置，它们的本身就是代表宁波与宜春城市历史变迁的见证与缩形。同时它们也是两地文化活动中心地之一，经常举办各种书画、摄影、文物展览与交流等活动。在楼的一层里各自设立过"宁波城市发展史迹"和"宜春城市发展史迹"的陈列馆，分别全面客观地介绍了城市的形成、变迁、发展的过程。

四

两地鼓楼，为我们了解、研究古代建筑、古代文化、科技水平、思想观念等提供了实物，宁波鼓楼与宜春鼓楼只是中国成百上千鼓楼之缩影，这篇文章也只是起到了抛砖引玉的作用，使喜欢鼓楼的人能更多地通过对鼓楼建筑、鼓楼文化的历史渊源的剖析，从更深一个层面去探讨它的社会作用，产生的社会及经济基础，存在的社会条件及其优势。

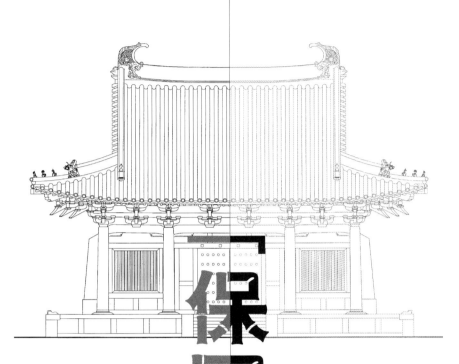

「保国寺研究」

【浅析建筑遗产保护与科学技术应用】

余如龙·宁波市保国寺古建筑博物馆

摘　要：本文主要介绍宁波保国寺建筑遗产运用科学技术保护方法，从抢救性保护到预防性保护转型的探索。特别是对大殿的柱子等构件，使用环氧树脂灌装法，新材料的使用情况，对建筑群周边的环境进行实时监测，对白蚁及其他有害生物入侵进行科学防治，建立安全防控体系等实践经验，取得有效成果。

关键词：文物建筑　科技保护　新技术材料应用

一　引　言

135

　　浙江宁波保国寺大殿是长江以南现存最古老、保存最完好的木构建筑之一，是我国传统建筑文化和《营造法式》的重要实例，是国务院公布的首批全国重点文物保护单位。近年来，研究保国寺及其周围地理环境，搜集和掌握国内外文保科技的最新理念，综合考虑东南沿海地区的气候环境特点、环境因素对木构古建筑的影响，将科技保护作为保国寺文化遗产延年益寿的第一保护力。因地制宜，采取最有效的保护利用措施，及时准确地做出"健康状况"评估预测。引进国际最先进的新型白蚁及其他有害生物防治技术，安装电离型预放电防雷设施和安防系统，探索应用计算机技术引领科技保护技术手段，以三维激光扫描技术对建筑本体进行变形测量，研究大殿营造技术之谜，实时对大殿进行全面的健康"体检"。通过从"治"到"防"、从"抗灾损"到"控灾损"的理念转换，实现防病于未萌的千年大殿保护系统工程，在预防性保护和前瞻性保护有新的突破，使古建筑保护从"修"到"养"积累技术支撑，为保国寺奠定了长远利用、长远发展的基础。

　　保国寺科技保护探索出一套系统的方法，与同济大学共同编制《保国寺北宋大殿保护信息采集与展示方案》，在第四届中国建筑史学国际研讨会上，经专家评审一致通过，开发出国内首个基于Visua Studio 2005平台的古建筑类"科技保护信息采集与展示软件",在保护技术上已经应用于其他古建筑,有效提高了文物建筑修缮的预见性(图1)。

图1　保国寺大殿监测点与传感器布置示意图

保国寺古建筑群的精华——大雄宝殿,重建于北宋大中祥符六年(1013年),是江南地区保存最完整、历史最悠久的木构建筑遗存,是中国唐宋时期木构建筑典范,具有很高的历史、艺术和科学价值。虽经多次修缮,但原制未改,其建筑布局和众多建筑构件在建造理论上与宋《营造法式》相吻合,具有明显的唐宋建筑特点。大殿某些构件做法还继承了唐代建筑的遗风及地方建筑手法,所采用的木构技术,代表了11世纪中国最先进的木构工艺水平,与同时期的其他建筑相比,建筑风格独树一帜,对我国乃至海外建筑的发展产生了深远的影响。

保国寺古建筑群虽然多年来一直进行着维护保养,但大都是抢救性质的修复,即在建筑产生明显损毁之后进行补救。这种被动式的做法只能治标,难以治本。长此以往,古建筑就会变成"新建筑"。由于建筑长期遭受周边自然环境(如风雨侵蚀、阳光照射、空气潮湿变化、热胀冷缩、洪水、雷电、地震以及鸟兽、虫蚁、细菌)等影响,而且建筑材料本身又均为木材,这种材料受制于自然环境的变化,也会随着时光的流逝而发生退化衰变。而当前我们对古建筑的"健康与安全"状况又缺乏必要的检测和评估,既无法预知木构古建筑未来的危险程度,也无法确定在目前情况下该采用何种保护措施。对古建筑群的生存和传承面临前所未有的挑战,也提出了如何保存建筑遗产的研究课题。

二　分析研究现状,保存原有信息价值

为了更加有效和有预见性地做好文物遗产科学保护,保国寺古建筑博物馆借助著名院校科研单位的技术力量,与清华大学、同济大学、东南大学、林科院所等进行课题合作,共同探索研究针对保国寺文物建筑的科技保护,以提高文物建筑保护修缮的预见性,对木构建筑的材质、结构受压状况以及有可能影响木构建筑本体的一些自然环境进行监测,并根据其变化规律确定检查周期和监测频率,为文物建筑遗产科学保护,特别是在江南地区多雨潮湿环境下保护木构建筑探索出一套系统的方法,为深入研究江南古建保护提供实践经验和理论依据。

针对古建筑群及周边环境,经过一段时间实时监测和信息采集、数据积累和信息管理分析,了解文物建筑及周围环境的变化规律,确定文物建筑检测的安全值和警戒值,找出影响文物的主要环境因素,进行有针对性的防护,

清除隐患。在古建筑保养维修工程时利用科学技术方法，力求按照原状进行科学保护建筑遗产，使之能更加"益寿延年"，长留人间（图2、图3）。

文物建筑维修工程能够真正达到保护文物的目的，除了提高设计施工人员的文物保护意识外，还制定了一些规章制度，如维修时必须进行勘测、图纸、报告、施工说明，审批程序等，这些都要在国家的文物保护法令、条例等原则下进行。文物遗产一般是在比较长的时间里才能形成一个建筑群体，有几十年，甚至几百年逐步完整群体，在实际工作中经常会碰到不改变原状和恢复原状问题，文物建筑经过多次修缮或改动，有的很难确定原始面貌，只能按照现存的原状分析。保国寺大殿的每一个构件、中轴线上的主体建筑、东西轴线主要厢房以及每一块砖雕石刻，它们都有其原状的痕迹。总结多年的实践经验和科学认定某一建筑最初建成时的面貌特征，分析研究文物建筑自身固有的时代特征和艺术风格，认定文物建筑原状，必须经过科学分析研究和专家论证，有可靠的科学依据，在实施维修工程中要按每座建筑建成时期原状去修复，只有不改变文物的原状才能说明是最有价值的。

保存原来的建筑结构。建筑结构也是决定建筑类型的内容因素，如同人的骨骼，什么样的骨骼就会出现什么样的体型。如果在修缮过程中改变了原来的结构，建筑的科学价值就降低，也会影响它的形式，必须保证在维修工程中不改变其原来的建筑结构。

保存原来的建筑材料。古建筑中建筑材料的种类很多，有木材、砖、石、泥土、铁等。什么样的建筑物用什么样的材料，什么样的材料产生什么样的结构与艺术形式。木材的性能产生了干栏式、抬梁式和穿斗

图2　科技保护监测室

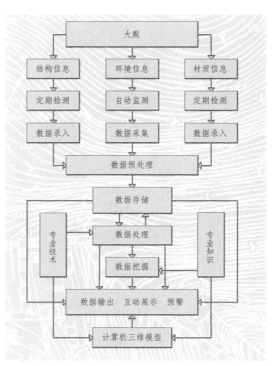

图3　保国寺大殿监测信息处理流程图

137

式的结构，砖石材料产生了叠涩或拱券式的结构，铜铁金属必然要用铸锻的方法才能建筑。因此，建筑材料、建筑结构与建筑艺术的关系是不可分割的。随着建筑的发展，建筑材料也不断发展、更替、组合。它反映了建筑工程技术、建筑艺术发展的进程，在修缮古建筑时，尽可能采用或保存原有的构件和材料，保存它的"本质精华"。

保存原来的工艺技术。要真正达到保存古建筑的原状，除了保存其形制、结构材料之外，还需要保存原来的传统工艺技术。对古建筑维修的工艺技术，应该"继承传统的工艺技术"，如"七朱八白"等油饰彩画，原来的三麻五灰、七麻九灰，绝不能把它改成一层厚厚的油灰或是采用其他做法。这不仅是为了保存原来的传统，更关系到建筑物的安全与坚固。

三 维修原则、措施与新科技应用

在古建筑修缮时使用新材料和新技术必须考虑更多、更好地保存古建筑的原形制、原结构、原材料。既有利于原工艺技术操作，也有利于古建筑保护，新材料的使用不是替换原材料，而是怎样牢固，在木构建筑的维修工程中，经常会遇到大梁或柱子等构件糟朽、劈裂情况。上世纪70年代我们维护大殿时，遇到大梁和柱子构件有部分糟朽、劈裂及柱子被白蚁蛀蚀等情况。那么是把它换了还是想办法保存下来，经过慎重研究后考虑大殿是北宋大中祥符六年（1013年）建筑，距今已有近一千年的历史，又是我国现存为数不多的早期木构建筑

之一，在修缮时有以下方案，第一是用新木料来替换。这种办法虽然保存了木结构，但以前那些柱子一千多年来的经历就失去了，况且原来的那种木料也不容易找到。于是采用第二种办法，用新材料、新技术的方法来解决，即用环氧树脂配剂予以灌注、充填，这样既保住了一千多年的大殿主要构件，又解决了柱子的加固问题。环氧树脂配剂还可用于黏结木料，拼镶一些原来残缺的构建，但使用环氧树脂配剂也必须慎重，一经用上就很难更改了。在采用新材料、新技术时，必须先做实验，局部进行，不能大面积铺开。在钢、铁等金属材料加固维修古建时，要遵守传统规律，如用于木结构梁柱劈裂加固的铁箍、梁柱拔榫加固的铁扒锯、铁拉扯、梁头榫卯加固的铁托垫等，都会有显著效果。金属材料加固的最大优点是不改变原来材料的本质，也不改变原结构的性能。随着现代锻制技术的发展，更有利于加固部件的制作，因此，将金属材料用于古建维修加固的方法应值得重视。

建立科学的监测系统，实施跟踪监测环节很重要。首先是实施大殿环境监测，如温度湿度、风力风向、空气污染（颗粒数量，PH值）、地下水水位、地震振动数据及其影响、地基位移特征与岩土力学测试及生物（植被、鸟类与昆虫与木构相关部分）检测。其次是实施大殿材质（木材）信息监测，木材种类、霉变与虫蛀状况（包含对防霉、杀虫剂效果评估）木材干缩状况、受力、非受力构件的破损情况等。再次是实施大殿结构及构造信息监测，关键构件的应力信息采集、结构关键点的位移与变形信息采

集、结构构件的裂缝与变形信息采集及结构构件联系部位的受力分析信息采集。根据以上各个信息的特点及变化率，将信息采集频率分为一次性监测、周期性监测和持续实时监测（图3、图4）。

近年来，随着保护科技的提升和先进测绘仪器设备的应用，如水平仪、经纬仪、绘图仪和照相摄影、三维立体扫描技术测绘等，能够准确方便、迅速地把修缮之前的古建筑情况记录下来，并适用复杂的不规则建筑及石雕文物测绘，进行分析研究和制定维修方案；现代的电动机动工具同样适用，如钻孔、磨砖、磨石、刨平等，使用这些工具时主要掌握不改变原有的工艺效果；在古建筑修缮工程中，隐蔽技术的处理很重要，对有些附加上去的项目，如钢箍、铁拉扯等，是把它们隐蔽起来，还是暴露在外，都有一定道理，但要根据实际情况具体分析，区别对待，既然是附加的东西就应该让人知道是后加的，但是不管隐蔽与暴露，都应当是以有利于文物建筑本身和附加结构的坚固耐久为准则，再考虑外观效果；古建筑的修补和做旧也很重要，在修缮工程中是否把新修补的部分按原样做旧，这要根据不同情况区别对待，将修补部分完全按原来颜色、质感、纹饰等做旧，或者采用新配的斗拱、梁柱都按对称或相邻部分原状做旧，使之协调。

传统工艺技术是科技保护的重要组成部分。如木结构修缮中的偷梁换柱、打牮拨正、拼镶补缺、墩接暗榫以及砖石结构中的补石剔砖等传统工艺技术和经验，结合维修古建筑时的材料选配都很重要，尤其是彩画原料、洞瓦件，木材砖石等是保证工程质量重要环节。

四　从修治保护到科学防养初见成效

目前，国外对木结构文物建筑的监测和保护，已经建立一套完善的措施，如通过各种仪器、设备采集数据，建立多种数据库等，在国内只有少数高校的科研院所具备有一定的监测能力，但在实际应用过

图4

程中，也只能做到定期监测，无法实现不间断地监测，因此，在文物保护单位中建立一个监测系统，结合外部条件如气候变化等，使科学技术应用于古建筑保护，将是科学保护古建筑领域的一次具有重要意义的探索。

一是将原来单纯的被动式做法，转变为通过科学的监测系统和计算机技术，将文物保护扩展到建筑材料本身，可以尽早知道文物建筑内部发生的虫蛀、霉变等损害，及时将不良信号消除，防患于未然。

二是以新的思维方式，结合科学技术，探索新的方法来保护文化遗产。通过计算机软硬件，实时的、全方位的监测文物建筑变化，在全国尚属首例，为古建筑的保护提供了范本。

动态性：主要体现在两个方面。其一对文物建筑的变化数据进行长期有效的定量的、全自动不间断采集、检测；其二随其"健康与安全"状况不同，提出有针对性的保护措施。

整体性：全面分析文物建筑的生存环境，建立自内而外的实时监测系统。

数码化：由于国内目前尚无类似保护的实例，创新综合应用相关的先进技术设备，实现了数据的定量化、数码化，为进一步研究提供了第一手的数据材料。

应变性：通过长期持续对大殿进行全方位的科学监测，研究其内在的规律，预见其可能发生的自变或它变以及各种灾变，提出相应的保护措施。

三是通过直观、互动、虚拟维护等多种形式让观众了解、感知、参与文物建筑和环境的保护，激发观众保护文物建筑和环境的热情，体现人与建筑、人与环境的和谐。

现代科技是与时俱进的，它能帮助我们在文物保护事业中更好地承上启下。保国寺大殿的这种有益的开拓在木构文物保护中，建立了科学的保护体系，在国内文物保护界将产生创新性的示范效应，具有推广意义，同时，也为提升构建江南古建科技保护研究中心奠定了基础。

参考文献

[一]《浙江省文物保护单位档案（主卷）——保国寺》2004 年版。

【宁波保国寺经幢复原研究】

沈惠耀·宁波市保国寺古建筑博物馆

　　摘　要：经幢是带有宣传性和纪念性的建筑。本文分析了保国寺经幢的建造形态与结构，通过浙江省内保留情况均较好、总体完整、时代大致相同的多个经幢的具体形制与艺术等情况作对比，提出保国寺经幢的复原方案。

　　关键词：保国寺　经幢　复原　研究

　　幢是一种带有宣传性和纪念性的建筑，一般为塔状或柱状，上有精美的浮雕包括人物、动植物、吉祥物、图案和文字。中国幢多为石质，大的有数丈高，小的尺把高。它是随着印度佛教的传入与逐步盛行，特别是到了唐代中期，佛教密宗的传入，为将书写在丝织幢幡上的佛经或佛像的图案文字保持经久不毁，逐步将其书写改刻在石柱上，因刻写的主要是《陀罗尼经》，因此这种石刻称之为经幢。经幢一般由幢顶、幢身和基座三部分组成，主体是幢身，刻有佛教密宗的咒文或经文、佛像等，多呈六角或八角形。在我国建幢之风唐代尤盛，五代二宋时最多，一般安置在通衢大道、寺院等地，有为纪念高僧而建的墓幢，有为传播宗教而造的刻有佛经的经幢，也有为建立功德散布观点和思想而建造的幢。

一　保国寺经幢概述

　　宁波保国寺天王殿前有两座建造于唐代的石经幢，其一，为造于大中八年（854年）的鄞县永寿庵尊胜经幢（已断裂）。另一座普济寺经幢造于唐代开成四年（839年），距今已1161年，比宁波市区天宁寺塔（咸通塔）还早23年，所以更显珍贵。

　　普济寺石经幢原在宁波慈城镇普济寺（其遗址即今慈湖中学）大雄宝殿前，该寺据称是我国江南最早的佛寺，原是三国时代孙权的谋士、太子太傅阚泽的私宅。在《三国演义》第四十四回中有"阚泽密献诈降书"的描写。赤乌二年（239年）阚泽舍宅为寺，名普济，阚公也隐居慈湖边。为此，该

141

湖又名"阚公湖"，山名为"阚峰"。普济寺屡经劫难，唐武宗会昌（845年）灭佛，寺毁，后又历经千年灾害和兵火，殿宇多次兴衰，今寺已不存，独经幢仍存至今。

现存经幢，建于唐开成四年（839年），幢顶已失，仅存幢身、云盖及须弥座。现存幢顶为圆柱础形，饰浮雕云纹成盘盆状，下有八角翘檐，似屋檐，其中一面刻有"都邑官…"等字样；柱身为八楞形柱状，高192厘米，每面阔25厘米，上各刻一隶书字："唵、摩、尼、达、哩、吽、哹、吒"八字真咒，字下刻唐书法家奚虚己书《佛顶尊胜陀罗尼经》全文和序文共3378字。须弥座式园盘基座上枋刻浮雕盘龙三条，下为仰莲，束腰部刻浮雕金刚力士八尊，须弥座下枭的覆盆刻浮雕莲瓣及云纹，其中有一块缺失。整体造型庄重、稳定，雕刻精致，反映了唐代建筑艺术、石雕工艺和书法艺术的高深造诣和成就。

普济寺，建于三国赤乌年间，为浙江省最早的寺院之一，现该地属慈湖中学。民国期间，为避免经幢风雨侵蚀，盖混凝土结构亭子予以保护。1963年3月11日公布为第二批浙江省文物保护单位。1980至1981年期间省级文保单位调研检查中发现该经幢周围堆放杂乱，省市两级文物部门担忧其受到损害，又因其在学校内，不利于供人观赏。1981年宁波市文物部门，根据浙江省人民政府《关于调整和重新公布省级重点文物保护单位的通知》（"浙政［1981］43号"文件）精神，撤销其省级文保单位并入保国寺。1983年拆迁，1984年1月将其立于保国寺天王殿前

东侧保护，1991年加建台基置经幢于其上，是浙东最古老、最完整的石刻经幢，省级文物保护单位。

二 经幢复原的造型依据与分析

保国寺经幢的复原我们可依据浙江省内现存的唐五代经幢作为恢复的参考，从其历史与造型分析，作出相应的判断与取舍，是保国寺唐代经幢复原的有力参考与重要依据。为此，列举全省数座现存完整的经幢作为恢复标本与恒定的模数，为保国寺现存原慈湖普济寺经幢提供强有力的参考。浙江省内保留情况均较好、总体完整、制造年代基本符合、时代大致相同的各个经幢的具体形制与艺术等情况分述如下：

1. 嘉兴安国寺三座经幢。安国寺俗称北寺，建于唐开元元年（713年），初名镇国海昌院，宋大中祥符年间改名安国寺。现存三座唐代经幢。三座经幢，原位于天王殿前庭院，呈东、西、南三足鼎立，其分别建于唐会昌二年（842年）、会昌四年（844年）和咸通六年（865年）。其南座（咸通六年建）经幢，最为精巧与完整，高约7米，周长4.6米，整体呈八角形造型，共十九个层次。幢下部为两层重叠须弥座，因刻有浮雕蟠龙，故别称"系龙幢"。

座身镌刻"九山八海"及束腰浮雕蟠龙等图案，幢底以仰莲承托幢身，周围勾栏、腰檐、斗拱等石构仿木，出檐深远，翼角起翘，勾头滴水，体现唐代特色，为我国最早出现的石仿木构经幢。其东座经幢（唐会昌

二年建）为十六层，高5.8米，下层围径4.4米，幢身（经柱）高1.3米，周围2米。幢身浮雕武士作肩扛幢身状，威武传神，观音像和礼佛图刻划细腻。其西座经幢（会昌四年建），高6.2米，周长4米，也为十六层。安国寺的三座唐代经幢为湖石雕刻，由须弥座、幢身（八面）、幢盖、仰覆宝珠等组成，幢身有流云托座，雕刻形象生动。均有《佛顶尊胜陀罗尼经》题记和其他佛教故事，所雕人物花卉等图案，都极精致。

2. 杭州梵天寺经幢。杭州凤凰山东麓梵天寺经幢就其形制、高度以及精美而言，属国内罕见，是五代吴越经济文化高度发展的产物，是佛教艺术和建筑艺术相结合的代表之作。幢身八面，逐级叠砌，比例和谐，具整体美感。基座分三层砌筑，呈束腰须弥座状，底层刻浮雕佛教"九山八海"图，其上两层束腰四面均雕有佛像。基座上部为幢身，东幢刻《大佛顶陀罗尼经》，西幢刻《大随求即得大自在陀罗尼经》，并均刻《建幢记》，落款题："乾德三年乙丑岁六月庚子朔十五甲寅日立，天下大元帅吴越国王钱弘俶建。"幢身之上叠有华盖、腰檐、山花蕉叶、仰莲、方柱、覆莲、宝珠等构件。幢顶为日月宝珠。

幢顶的华盖，其下部浮雕为伽陵宾伽，上端饰如意云纹；腰檐仿木构建筑形制，斗拱出挑，每面补间铺作一朵，为六铺作双杪单下昂偷心造。腰檐顶部凿出筒瓦、椽子、飞子、戗脊和脊兽。檐口刻出滴水、瓦当。每层柱上有壸门式壁龛，龛内刻佛像和佛传故事，佛像容相秀丽，慧眼微开，造型生动。整个幢外观形态优美，艺术价值高，是现存唐代石经幢中的珍贵文物。

3. 金华法隆寺经幢。唐大中十一年（857年）建幢，经幢全高6.3米，底座八角形。幢基为两层束腰须弥座。幢身高1.75米，刻有《佛顶尊胜陀罗尼经》。幢身之上还有宝盖、华盖、磐石、仰莲、覆莲、勾栏、连珠、短柱等石雕镌刻构件。幢各构件无任何粘连，层层叠叠，安稳妥当。

法隆寺经幢制作、雕刻精致，充分体现了唐代江南的雕刻工艺水平，其雕刻的勾栏为我省古代现存最早勾栏实物例证，具有重要文物价值。经幢基为两层须弥座。底层须弥座束腰每面浮雕金刚力士像，两手举托经幢，怒目圆睁，勇猛无畏。上层须弥座束腰刻舍施钱财造幢的善男信女姓名。须弥座上置勾栏望柱。再上是幢身，上刻《佛顶尊胜罗尼经》和建幢记。宝盖八角形，每角雕兽首，龇牙咧嘴，面目可畏，中部雕有花绳。连珠上浮雕共命鸟，人头鸟身，背上长翅，呈飞翔状。仰莲三层，莲瓣丰满，雕琢精细。勾栏雕楼，古朴精巧。短柱上浮雕文殊骑狮，普贤骑象和佛教弟子。华盖上浮雕四个伎乐飞天，分别作吹笛、吹笙、吹排箫、弹琵琶状。线条细腻柔和，委婉流畅。

4.金华保圣寺经幢。经幢刻有陀罗尼经，由于年代久远，不少字迹已无法辨认。经幢共分七层加顶珠，自下至上的最底层，即第一层是幢础，刻云水纹呈覆盆形状，雕刻盘龙图案，属护法的"八部天龙"之一，盆盖刻有覆莲型花纹。第二层为束腰，刻四大金刚力士，盘盖是仰莲型花纹，上刻有石栏杆图案。第三层为幢身，刻陀罗尼经，盘盖为八角形，每角均刻兽头。第四层为宝盖，刻如意云图案，盘盖仰莲型花纹饰。第五层仰莲，莲花宝座上端坐佛像，盘盖为歇山出挑型屋顶石盖。第六层为华盖，刻有菩萨像和仙鹤，盘盖是华盖型。第七层为金刚力士，顶盖是"边楼罗"人面长鼻金翅鸟的飞天形象，也属护法的"八部天龙"之一，顶端蟠桃型宝珠，上刻曼陀罗花图案。金华尊胜陀罗尼经石幢，是件不可多得的唐代珍品。

三 经幢复原的形制与判断

宁波保国寺的普济寺经幢。现存幢体通高4米，幢身高2米，呈八角形，上下结构由三部分八大块组成，幢身呈八面形，每面宽25厘米，上刻八字真咒，通体刻有《陀罗尼经》，唐代书法家奚虚己撰序文，柱身八面全文小楷由湖北（江夏）黄以素刻，计3378字。现存经幢的顶部为扁圆形的如意云盘，由八角起挑的屋檐顶承托。柱身下部托座为刻有三条互相缠绕的盘龙和双仰莲承托，直径达1.8米。其下层为圆形八楞须弥座，须弥

座上部为三道渐收盘托，束腰八楞刻金刚力士，威猛传神，下部底座为刻如意纹覆莲覆盆。经幢整体造型稳重，雕刻精美，反映了唐代建筑、书法和雕刻艺术的高深造诣。

根据现存普济寺唐代经幢的石构件保存情况，目前经幢除顶部缺少构件外，其余应当完整齐全。结合上述经幢的组合与结构分析，普济寺经幢顶部缺少宝葫芦或宝珠，如按照比例制作一宝葫芦，即可满足该经幢恢复的全部需要。

四 复原感想与结束语（具体做法）

保国寺唐代经幢的复原工作，根据目前保留完整的经幢建造形态与结构总体分析，幢由须弥座、幢身、宝顶三部分组成，保国寺经幢这三部分基本保存完好，只缺少宝顶部分构件，现作出如下复原拟案：

1.保国寺经幢现存幢基座基本完整，只缺少一块盘形雕刻件，可根据保留部分情况，照料复原即可；

2.经幢须弥座完整无需做大的修整与补齐，缺少的金刚力士没有必要做恢复与补正，保留其现状即可；

3.幢身部分完整，且文字均可分辨，保存完好，无需进行修复性保护；

4.宝顶部分是本次复原的重点，缺失情况严重，现只保留一盘型顶件，上部均已缺失。根据唐代江南现存的经幢分析，幢顶部一般还应有三到五块构件，形状一般也为八楞形、圆柱形、盘形、檐顶形、宝珠形饰物。

【无损检测技术在保国寺文物保护中的应用】

符映红·宁波市保国寺古建筑博物馆

摘　要：自2003年委托中国林业科学院对保国寺大殿材质及虫害状况进行检查，始有无损检测技术在保国寺文物保护中应用，如木材含水率的测定，阻力仪与应力波检测法、变形与沉降的监测等，通过无损监测获得木材的材质状况与结构安全等基础数据，为文物保护提供参考资料。

关键字：文物　无损　检测　应用

保国寺是一组有近百间房屋的建筑群，占地面积2万平方米，建筑面积7000平方米。建筑在半山腰的一块缓坡地上，东南低，西北高，建筑物随着地形高低错落，鳞次栉比。坐北朝南，略偏东。在中轴线上布置了三进院落，四座建筑，即天王殿、大殿、观音殿、藏经楼，后又建山门。大殿前有净土池，大殿前月台的左右有钟鼓楼。由于院落地势一进比一进抬高，各座单体建筑也在不同的高度上。几座主殿在寺院组群内处于突出地位。

多年来，保国寺文物建筑一直不断进行着维修保护，在相当长的时间内，对木结构材质状况的勘查都是以手工操作为主。借助简单工具，靠现场肉眼观察，实地测量，敲击辨声，取样分析等手段。经过长时期实践，积累丰富的经验后，手工操作方法，一般均能得到可靠的结果。缺点是对木材内部缺陷在不破坏木构件的情况下，很难作出准确的判断。近年随着古建筑保护事业的发展，在勘查中基本实现了木构件的无损（或微损）检测，对构件内部的缺陷（虫蛀、腐朽、空洞等）能做出相对准确的判定。

无损检测，即利用材料的不同物理或化学性质在不破坏目标物体内部及外观结构与特性的前提下，对目标物体相关特性（如形状、位移、应力、光学特性、流体性质、力学性质等）进行测试与检验，尤其是对各种缺陷的测量。其最大特点是既不破坏材料的原有特性，又能在短时间内获得期望的结果，以便操作人员迅速作出判断，有利于连续生产和提高生产效率，还有利于作出正确的决策。

通过木材无损检测对大殿木构件的腐朽、虫蛀、开裂、断裂等状况进

145

行评价，对木构件被损害程度进行评价，全面了解木构件的损坏情况。同时将对大殿主要的承重木构件进行树种鉴定，通过鉴定结果可以获得建筑使用木材的物理力学性质和加工特性，为制定古建筑保护方案更换木构件提供依据；依据勘查木构件的树种状况，判断大殿维修的历史痕迹，勘验和填补大殿维修的文献资料；对大殿木构件的结构作确认和进一步推断（如瓜棱柱等）；提供木构件虫害腐朽资料和处理建议，为大殿的保护和修缮提供基础数据支持，也可据此制定相对较为完善的修缮计划。

保国寺自2003年委托中国林科院对大殿材质状况勘查后，2008年底2009年初再次进行勘查。发现大殿有明显的后倾现象，这种明显的变形如果持续发展下去，最终将会破坏大殿的结构平衡，造成大殿的倾覆。为实时了解大殿的变形情况，并根据一系列相关信息分析变形的原因，为今后的修复提供科学依据，委托宁波冶金勘查设计研究股份有限公司对大殿进行持续变形监测。

近几年保国寺古建筑群文物保护中的无损检测应用如下：

1. 木材含水率的测定

含水率是影响与决定木材使用的重要指标，对古建筑木构件而言，含水率更具有重要意义。通常，木构件含水率过高，则意味着古建筑木构件发生病虫害的可能性增大，必须引起重视。采用接触式含水率测定仪（ANLI AD—100），可以快速测出木构件的含水率。其测定原理为利用电磁波可测出被测木构件约50毫米深度的诱电率，并在瞬时内计算出其测定的中间值。其特点主要是可适用于生材到干燥材及各种木材制品，测定的范围为0～100％；重量约200克，长约160毫米，适于现场使用，携带方便；只需将探头轻轻接触被测物体表面，不破坏物体表面，电磁波即可到达木材中部进行水分测定。即使木材表面做了处理也可以正确测定，这一点特别适合古建筑，因古建筑一般表面都有油漆或彩绘。

勘查发现整座大殿木构件含水率分布不匀，最小的为8.3％，而最大的可达26％，平均为14.8％。大殿木构件含水率整体偏高，尤以西南角偏东和东北角偏南的两个区域为最。在木构件含水率达到26％的条件下，可造成木构件的腐朽、虫蛀、开裂等诸多问题。影响含水率的首要条件是相对湿度，其次是温度。宁波地区木材年平衡含水率为16％，而此次测量为11月底12月初，处于一年湿度相对较小的季节。若雨季测量，则含水率可能还要高，故非常有必要降低所处环境的湿度，以保护文物建筑的安全，如通风、除湿等（图1）。

2. 阻力仪检测法

树木或木制建筑总是无法显示其内部结构及状态变化，这对评价树木或木材的质量，评估木制建筑的安全性非常重要。刺入式阻力仪（Resistograph）是德国Rinntech公司开发的一种木材内部材质检测仪器，检测时需要将一根直径为1.5毫米的探针刺入木材内部，检测时记录木材刺入过程中所受到的阻力，其大小随材料密度的不同而变化，生成不同峰值的曲线，根据检测得到的阻力曲线，可以初步判断木材内部结构的损害状况如腐烂或空洞情况、材质状况、生长状况（年轮分析）等。一般来讲，腐朽越严重，木材越软，进针越深。经计算机加工可以制成相对准确的内部缺陷平面图（图2）。

大殿多数构件表面有许多直径约2毫米左右的小虫眼，是典型的蠹虫类害虫危害状。对于相对较严重的虫蛀现象经过仪器探测，显示内部尚未发现腐朽及虫蛀导致的空洞及材质状况严重下降的现象。

3. 应力波检测法

ARBOTOM三维应力波扫描仪。主要由Arbotom分析软件、24个传感器、Arbotom控制器、小锤以及相应的附属部件组成，原设备专门用于活树内部健康状况的监测，引进后经多年实践，已成功地用于古建筑木结构内部材质状况的勘查。它可以同时检测多个不同位置的木材断面的状况，得到不同位置，不同截面的断层扫描图，经计算机加工可以形成三维立体图，能直观地显示被测木材内部的现实状况。

原大殿的柱子外形为瓜棱柱，16根，采用两种以小拼大的手段，一曰"包镶作"，在一根较小直径的木料周围，根据实际需要再用许多根一定厚度的小木料镶嵌而成比较大的柱子；另一种是一根柱子用同样大小的四块木料做榫卯拼合而成，为弄清楚柱子的做法及内部腐蚀程度，采用了阻力仪与应力波检测两者相结合的方法（图3）。

通过勘查，对大殿16根瓜棱柱的做法和腐蚀程度有了初步了解。勘查推断大殿16根柱子的做法为以下几种：有独木9根，外形做成瓜棱形；八段包镶2根，此类立柱中心主要为一整块独木，外围配以八瓣瓜棱，采用楔子将之镶嵌与内部独木立柱之上，另有1根为八个楔形木料紧密相连，楔形木料之间再加以楔子连接；四段合拼合柱4根。

4. 生长锥

生长锥是一种手动的空心钻。钻入木材后可以取出直径5毫米、深可达

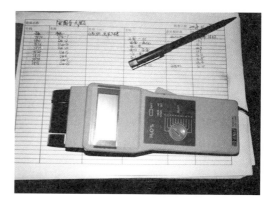

图1

图2

图3

40厘米的木芯，用扩大镜直接观察木材的腐朽状况，根据经验直接判定木材腐朽等级。当立柱有包镶时，生长锥是对中心柱做树种鉴定取样的可靠手段。

勘查发现大殿内结构材树种有松木（硬木松）（Pinus sp.）、水松（Glyptostrobus pensilis）、云杉（Picea sp.）、杉木（Cunninghamia lanceolata）、龙脑香（Dipterocarpus sp.）、锥木（Castanopsis sp.）、黄桧（Chamaecyparis Gormosensis）、板栗（Castanea sp.）8类。因斗拱等构件数量较大，所以采用随机取样的方式，鉴定结果并不能表示此类构件的全部树种。

5. Termatrac白蚁探测仪

白蚁是公认的木构建筑的玉面杀手，其繁殖能力强，破坏力度大，且栖息隐蔽，在安静的环境、丰富的植物纤维、适当的温度和湿度下，过了一段时间，白蚁又再度危害。由于白蚁的生物特性，除在分飞季节我们看到有翅成虫外，一般情况下看不到，等发现时往往危害已经产生。现我们利用Termatrac白蚁探测仪，此仪器是世界上第一个电子仪器透过固体物件探测白蚁活动，该仪器引用微波探测表面不露痕迹但深藏在木材、砖、瓦石块中的白蚁，这种微波放射性极为温和，较微波炉和电视机所放射的还要低。使用此款仪器探测白蚁，可以无声无息地找出白蚁活动范围及延伸方向，然后提供治理方案。

大殿内基本没有发现白蚁危害的情况，但在其他建筑发现白蚁活动的痕迹。为保护大殿，防治白蚁分飞季节，进入大殿，采用了"心居康"白蚁防治系统。整个古建筑群，采用地上型与地下型相结合的方法，即对发现活体白蚁的构件用地上型灭治；没有发现的建筑物四周用地下型监测，根据观测的结果，采取不同的措施，一是继续监测，一是灭治后再监测。

6. Leica TCA2003全站仪

瑞士产Leica TCA2003精密全站仪，从2007年开始至2011年共测量五次，完成检测二级平面控制点两个，检测二级基岩水准点两个，沉降变形测量点48个，位移变形测量点18个，地坪标高测量点四个。周期性对大殿柱脚及其周围进行高精度监测，以获取大殿的沉降数据，并分析沉降趋势。周期性对大殿内柱进行高精度工程监测，以获取大殿立柱的倾斜数据，对其进行倾斜变形趋势分析。

从五次监测数据来看，沉降与倾斜是比较一致的，东侧沉降比较明显，有总体向东北方向倾斜的发展趋势。需继续定期观测。

以上是无损或微损监测近几年在保国寺文物保护中的应用，随着科技的进步，保护力度的加强，会有更多的无损检测在保国寺文物保护中应用。

【保国寺晋身"国保"年五十　宋遗构甬城"国宝"传千载】

曾楠·宁波市保国寺古建筑博物馆

摘　要：1961年保国寺被国务院公布为第一批全国重点文物保护单位，至今已走过50年风雨岁月。本文从"发现之始"、"公布之初"、"转型之路"、"千年之约"四个不同角度，回顾了保国寺50年来的保护发展情况，展望了"十二五"事业辉煌远景。

关键词：保国寺　国保　50周年

50年前的今天，1961年3月4日，国务院批准公布了第一批全国重点文物保护单位，共计180处，包括革命遗址和革命纪念建筑物33处、石窟寺14处、古建筑及历史纪念物77处、石刻及其他11处、古遗址26处、古墓葬19处。宁波历史文化名城的代表性文化遗存、"海上丝绸之路"和大运河（宁波段）史迹，申报世界文化遗产的重要核心载体——宁波保国寺名列77处古建筑及历史纪念物"国保"单位之中，成为与故宫、万里长城等齐名的"国之瑰宝"（图1）。时光荏苒，当时针指向2011年3月4日的时候，

149

图1　保国寺古建筑群全景

保国寺在"国保"的光环护卫下走过了半个世纪，古老的宋代遗构、珍贵的甬城"国之瑰宝"在当下又焕发出勃勃生机，于文化大发展大繁荣的浪潮中迎来了千年一遇的中兴契机。

一 发现之始——意外收获

我国是历史悠久的文明古国，地大物博，拥有极为丰富的文化遗产。文物是文化遗产的重要组成部分，蕴含着中华民族特有的精神价值、思维方式、想象力，体现着中华民族的生命力和创造力。保护和利用好文物，对于继承和发扬民族优秀文化传统，增进民族团结和维护国家统一，增强民族自信心和凝聚力，具有重要而深远的意义。

上世纪50年代中期，为了尽快了解掌握全国不可移动文物的基本情况，有效地做好保护、管理工作，我国进行了第一次全国范围的文物普查工作。此次文物普查规模并不是很大，没有留下太多的资料数据。但正是在这次文物普查的基础上，诞生了新中国第一批全国重点文物保护单位，保国寺也是在这次文物普查中被意外发现，为世人所瞩目。

1954年暑期，来自南京工学院（现东南大学）的窦学智、方长源和戚德耀三人来浙调查杭州、绍兴和宁波一带民居及古建筑。三人在杭州、绍兴、余姚调查工作暂时告一段落后，来到慈溪县的县城所在地慈城，偶然闻听除慈城城内的普济寺外，附近鞍山乡洪塘北面的灵山山坳有座规模很大的古刹，其中大殿为"无梁殿"，装饰特别，为唐代

图2　保国寺发现时大殿藻井老照片

所建。无梁殿的规制据当时发现所知的多为明清时建造，得知此地为唐代建筑，三人临时决定前往踏勘。

在地方群众的指引下，三人冒着大雨，几经周折，终于揭开了保国寺的神秘面纱。据戚德耀先生后来回忆："从此（山门）右折为天王殿，迎面是石砌高台，两侧踏步中夹有水池，登台为满铺石板的台面，月台夹于左右高墙中，东墙嵌有几块历史碑刻。台北耸立一座面阔三间周绕回廊重檐歇山顶的大雄宝殿。檐下一排粗壮而远跳的斗拱，重翘重昂（用真昂），后尾很长一直到前槽，由于原油漆剥落，单剩白底色，故特别显眼。殿内九根瓜棱形（花瓣形）的内柱和前槽顶上的镂空藻井及枋子上的'七朱八白'等各种古建筑特有的形式，使我们欣喜若狂，终于找到一座古佛殿遗构了。……细观诸部，其中斗拱用材大，共六十六朵，七铺作重抄双下昂单拱造，补间1～2朵，采用二

层真昂、很长的昂尾来取得结构上的平衡。栌斗有圆形花瓣式讹角起海棠线纹，枋上隐刻'七朱八白'。九根花瓣柱、藻井等可知非明清之作，至少为南宋遗构，另外有的部件做法又为宋代，甚至更古老。殿内佛像已早毁，现存须弥座式的佛台，其背面有'造石佛座记'镌刻'……崇宁元年（1102）'字样，以此初步证明此殿为宋构无疑。"（图2）

他们连夜向南京工学院刘敦桢教授汇报情况，刘教授为此也兴奋地彻夜未眠。在得到刘教授的肯定和指导下，随后经过更加详细的调查，进一步确定了大殿的建筑年代。1957年第一批全国重点文物保护单位征集工作邀请刘教授对江浙皖三省符合条件的文物进行推荐，刘教授便推荐了保国寺。由此，保国寺列入了1961年3月4日国务院公布的第一批全国重点文物保护单位名单。刘教授在有生之年多次提到要亲自到保国寺去查勘，但因各种原因终没能实现他的这个愿望，实是憾事。刘教授对保国寺付出的巨大辛劳却永远令人铭记（图3）。

二 公布之初——百废待兴

保国寺成为宁波市六七十年代唯一的一个全国重点保护单位。由于发现时大殿年久失修，需进行全面维修保护。为此，1976年5月16日，浙江省革命委员会发文成立了保国寺文物保管所。因管理机构复杂等原因直到1979年7月保国寺文物保管所才正式挂牌。原洪塘公社党委副书记王子庆同志任保国寺文物保管所第一任所长，许孟光任副所长，开始了保国寺古建筑群公布为"国保"单位之后的全面维修与对外开放工作。

1973年保国寺屋面曾进行过一次维修，因盖瓦时用的是望板上铺青灰的北方做法，结果湿气不能及时散发，

图3　刘敦桢（前排右四）戚德耀（后排右三）窦学智（后排右二）方长源（后排左四）

参·保国寺研究

加速了望板、椽子的霉烂糟朽。屋面严重渗漏，部分梁枋、柱子由于白蚁蛀蚀等原因糟朽。国家文物局于1975年拨款进行大修，这次大修，国家文物局和省、市有关部门极为重视，成立了维修领导小组。我国的古建筑专家李卓君先生和省文管会的古建筑专家王仕伦先生长驻寺中指导维修工作，我国著名的古建筑、文物保护专家罗哲文、祁英涛等曾多次到现场进行工作指导。维修中严格遵照"不改变原貌，整旧如旧"的原则，有的

图4　1975年维修中大殿

图5　1975年维修后大殿

柱子、梁枋等内部已蛀空，但外表皮层尚好的，就采用掏空里面糟朽部分，用高分子材料灌填的办法予以加固，不但恢复了梁柱的原有载重力度和刚度，更重要的是保存了宋代的木构件。保国寺大殿的维修，是我国第一次将高分子材料用于木结构古建筑的维修并获得成功的范例。从此，高分子充填料作为一种新的维修材料在我国的古建筑维修中得以广泛应用（图4、图5）。

保国寺大殿维修中，宁波市民间木工师傅采用高超的传统手法，解决古建筑维修中高难度的技术问题，令人叹为观止。大殿东北角有一角柱，由于严重糟朽，经专家鉴定已无法用高分子材料等手段来加固，只能换新。但换角柱难度甚大，柱头上顶着成组的斗拱、梁架和几吨重的屋顶二边均有梁枋相连，要调换必须卸下屋顶，拉开梁枋，不但工程大，而且也将给其他木构件造成损伤。在颇为棘手之时，承担施工的奉化籍老木匠自告奋勇，声称他有办法不用大动干戈，即可将柱子调换。在场专家听他说得有理，决定让他一试。老木匠巧妙利用木结构榫卯之间的弹性，用木"麻雀"这边敲敲，那边打打，经过几天时间，竟将旧柱换下，新柱天衣无缝地复位。在场人员均为他的绝技所折服，李卓君等古建筑专家，更是大为感动，感叹在江南还有如此身怀绝技的能人，也叹息民间手工绝技的逐渐消失。

为有效利用保国寺"国保"单位传承文化遗产，1977年8月份开始布置《古建筑图片陈列》：第一室天王殿，主要介绍保国寺；第二室大殿，集中介绍大殿的木结构细部；

第三室观音殿，以"文明古国"为标题，介绍我国各地重要的古建筑；第四室藏经楼，以"文物之邦浙江省"为标题，介绍省内古建筑。1978年农历正月初一，保国寺正式对外开放。十年被禁锢的文化需求、人们对历史文化的渴望，一旦被打开，便会形成一股洪流势不可挡。闻讯赶来的游客越来越多，保国寺售票处瞬间排起了长队，你挤我拥怕买不到票，原先空旷的月台、殿堂到处人满为患。据统计，全天门票售出七千余张，接待游客多达一万二千余人次，创造了保国寺接待游客的最高纪录，至今尚未被打破。1988年1月，经市政府协调，保国寺的古建筑群和山林统一为保国寺文保所管理。1992年5月，经市政府批准，"保国寺公园"挂牌，成为当时宁波近郊最大的公园景区，当下时兴的文化旅游在改革开放之初的保国寺已经红火起来。

此后，保国寺作为宁波的文化形象窗口，接待了不少前来参观指导的中央、省、市领导和国内外专家、港澳同胞等宾客。2004年7月，国际古迹遗址理事会协调员、著名遗产专家尤噶·尤基莱托一行来到保国寺考察，在细致察看这座千年古殿后，特别是了解了它对后世《营造法式》的形成具有深远影响后，尤基莱托发出了"这就是世界文化遗产"、"宁波人很有创造力"的由衷赞叹（图6）。

图6 著名遗产专家尤噶考察保国寺

三 转型之路——蓄势待发

随着改革浪潮席卷大江南北，为了更好地树立保国寺文化品牌以推向世界，更好地服务于社会，2006年宁波市文广新闻出版局党委审时度势，确立了保国寺文保所升格为保国寺古建筑博物馆的发展定位。同年12月保国寺古建筑博物馆正式挂牌成立。

建馆以来，保国寺古建筑博物馆坚持改革创新，克服人员少、任务重、需求多等困难，一年一小步，五年一大步，结合自身实际，实践科学发展，变革保护理念，确立了"让古建瑰宝千年创造力永续传承"的发展目标，在保护上走科技化，在服务上走社会化，探索建立了与企业（馆企）、学校（馆校）、媒体（馆媒）、政府部门（馆关）等"馆X"系列合作途径，在较短时间内，以最少的成本（以不增加编制、不增加财政投入等），在我市文化遗产保护、历史文化名城建设和群众文化活动组织等方面发挥了积极作用，走出一条国保单位文物保管所转型升级为国保单位专题性博物馆的创新发展之路，取得了良好的业绩。现已评为国家二级博物馆、国家AAAA级旅游景区等，年参观人数突破50万人次，陈列展览连续两年荣获年度浙江省博物馆陈列展览精品大奖。

（一）积极践行"三接轨"理念，让保国寺科技保护水平走在前列

与国际保护趋势接轨，实践先进的保护理念。保国寺近年来搜集和掌握新时期国内外文物事业发展的最新动态，探求文化遗产保护先进理念，力求与国际保护水平接轨。将科技保护理念作为保国寺文化遗产延年益寿的第一保护力，完成古建保护从"修"到"养"、从"治"到"防"、从"抗灾损"到"控灾损"的理念转换，启动了防病于未恙的千年大殿科技保护系统工程。

与国内保护实际接轨，实践规范的保护程序。囿于技术手段的限制，严格谨慎地按照《文物保护法》的规定办事：一是按照规范程序申报项目，在国家、省文物局的业务指导下开展保护工作，联合多家权威机构共同参与；二是在每个阶段以专家评审、论证等形式保障

技术手段的客观性和安全性，不断宣传阶段性合作成果以提振信心；三是完善"四有"档案和课题研究全过程建档工作。

与宁波保护需求接轨，实践科学的保护定位。根据保国寺在宁波文化遗产中的地位，确立了申报世界文化遗产的基本定位，以世界文化遗产的保护要求和标准编制《保国寺总体保护规划》，争取为进入千年人类遗产代表作而努力。同时综合考虑宁波的气候环境特点，在对大殿的"健康状况"做出准确评估预测之后，采取最有效的保护利用措施，做到因地制宜，因时而举。

（二）创建"馆X合作"平台，借脑引智实践科技保护理念

以项目为平台，建立"馆企合作"双赢途径。2006～2008年，博物馆与白蚁及有害生物防治、林科院、消防避雷和气象等设计研究机构先后开展了多项项目合作，引进了国际上最先进的白蚁及有害生物防治技术、安装了先进的电离型预放电防雷设施和安防监控系统等。2009年组织召开的白蚁及其他有害生物防治国际学术研讨会，还邀请了马来西亚、香港、台湾等国家和地区的专家，他们对保国寺应用的新型环保白蚁防治技术给予了高度肯定。此举既有助于文物单位的抢救性保护和日常维护，又有助于激发企业投入遗产科技保护研究的积极性，促进企业的发展。

以基地为形式，建立"馆校合作"长期机制。筑巢引凤，保国寺与国内一流的建筑专业高等院校，如清华大学、同济大学和东南大学等建立教学研究基地。合作共建的

保国寺大殿科技保护监测系统，实时对大殿进行全面的健康体检，坚持不懈地探索大殿营造技术之谜，探索出一套系统的方法，为以后维修制定相关技术标准提供丰富的实践经验和理论依据，为千年大殿的"延年益寿"保驾护航。根据信息本身特点及变化规律确定监测周期和频率，有效提高文物保护修缮的预见性，为不断提升我馆古建筑学术研究水平打下坚实基础。同时，将最新科研成果最快地渗透于高校课程教学，进一步提升了保国寺在我国建筑发展史教学上的地位。

以遗产之谜为亮点，建立"馆媒合作"影响力传播。近年来，与博物馆建立合作关系的新闻媒体层次越来越高，甚至受到海外媒体的关注。2009年保国寺大殿备受中央电视台的青睐，先后在央视十套《探索与发现》、《百科探秘》、央视四套《走遍中国》等栏目进行揭秘。这些节目播出之后，大大提升了保国寺在国内乃至世界的影响力和知名度，参观人数明显增多。也为我馆开展文化传播和旅游推介积累了制作优良的宣传素材。

（三）组织系列活动，让保护成果惠启民众文化愉悦和创造力

以季节性系列活动为抓手，服务文化旅游需求。针对保国寺独特丰富的自然资源，推出一批季节性文化活动创新项目，如春季"踏青春游"、初夏"杨梅自助采摘游"、盛夏"避暑赏荷莲"、金秋"赏桂游"、冬季"腊梅游园"等，迎合了大众欣赏水平和休闲游玩的需求。

以遗产日系列活动为抓手，推进遗产共保共享。充分利用4·18国际古迹遗址日、5·18国际博物馆日、"海上丝绸之路"文化节、12·8名城保护日等遗产主题活动日，按照"三贴近"的要求，将保护新成果通过直观、通俗、互动的形式让观众了解、感知和参与，如将科技监测推介为"CT监护"，将白蚁防治喻为治疗"骨质疏松症"，激发了大众对遗产保护的兴趣。尤其是对中小学校共建共育，开展"文化遗产大课堂"，实现了文化遗产启蒙和熏陶，将古建瑰宝千年创造力传承于下一代。此外，还主动送文化到学校、社区、部队，请在校学生担任志愿者，请社区居民免费参观等，提高文化传播的辐射力，共享文化愉悦。

以节假日系列活动为抓手，丰富社会文化生活。一是展览推陈出新。通过馆际交流引进临时展览，周期性改造和完善馆内基本陈列；二是满足党群社团、街道社区等文化活动的需求，针对特定群体举办"登山健身活动"、"桂馥兰香书法笔会"、"琴棋书画雅集保国寺"活动，做到独到、新颖、别致，以满足日益提高的大众审美品位，获得大众对保国寺的

普遍认可。

（四）创新成效显著，让保国寺文保所华美转身为专题博物馆

通过科技保护和科学研究，进一步确认了保国寺的遗产价值和文化地位，保国寺文化影响力明显加强。近年来，使用三维激光扫描技术对大殿进行变形测量，对大殿进行更为详细的全面测绘，与同济大学共同编制的《保国寺北宋大殿保护信息采集与展示设计方案》，在第四届中国建筑史学国际研讨会上，顺利通过专家评审。开发并调试完成国内首个基于Visua Studio 2005平台的古建筑类"科技保护信息采集与展示软件"。保国寺的保护理念和保护技术已经开始影响和应用于国内其他古建筑。

通过开放服务和景区建设，进一步实现了保国寺的经济社会效益，保国寺文化吸引力逐年提升。保国寺举办的众多精品展览和文化活动，给参观观众留下了宁波悠久历史文化的深刻印象。保国寺古建筑博物馆的特色品牌已经初步确立，促进了宁波旅游经济发展。

通过解放思想和经验总结，保国寺古建筑博物馆创建的"馆X"系列合作平台正不断延伸和发展。通过馆企、馆校合作，实现互惠互利，培养了一批优秀的专业人才。为企业、高校科研课题的成功引进和广泛应用牵线搭桥。促进相关企业发展和知名度提升，实现了与高等院校共建共育。新型白蚁及有害生物防治技术手段已逐步应用于我市其他文保单位。

通过科学规划和博物馆建制运行，保国寺保护利用得到社会广泛认同和支持。保国寺古建筑博物馆克服了"等、靠、要"的文物事业单位体制传统弊病，积极主动地抓住事业发展的机遇期，充分借助社会力量，在文保所成功转型为博物馆迈出了探索性坚实步伐（图7）。

四 千年之约——中兴在望

保国寺作为宁波第一处"国保"单位是宁波文物事业的一个标志，她风雨兼程的50年"国保"岁月则是宁波文物事业的典型缩影，从起步到腾飞再到辉煌，从全市唯一一处到22处"国保"单位再到更多，从保国寺到天一阁、河姆渡再

图7 保国寺天王殿

图8　保国寺大殿

到它山堰、天童寺、白云庄、安庆会馆……一个个甬城市民熟知或不熟知的名字加入了"国保"行列，被冠以"国之瑰宝"的殊荣，让历史文化名城宁波更平添了几分自信、几分自豪。

2011年既是保国寺公布为第一批全国重点文物保护单位50周年，又是国家、宁波和保国寺文物事业"十二五"发展的开局之年，再过两年到2013年，还将迎来保国寺大殿重建一千周年。藉着这千年一遇的发展机遇，保国寺跃入了国家和省市领导的战略视线，作为我市"十二五"文物事业的创新亮点和重点工程，受到高度重视（图8）。

就在"十一五"收官的2010年，时任浙江省委常委、宁波市委书记、市人大常委会主任的巴音朝鲁同志，与市委常委、市委秘书长王剑波，副市长成岳冲、苏利冕等领导一行，于宁波市第五个文化遗产日调研视察了保国寺文物保护发展情况。此后，国家文物局局长单霁翔，国家文物局文物保护司副司长关强，中国文物报社党总支书记彭常新，浙江省政府参事、原宁波市政协副主席陈守义，中共宁波市委常委、宣传部部长宋伟等领导同志先后视察保国寺，对保国寺"十二五"事业发展、2013年千年大庆等表示了高度关切。以此为契机，保国寺整体功能提升改造工程由此提上了议事日程，稳步推进。

根据保国寺整体功能提升改造工程的构想，以落实"整合、规范、创新、提升"工作思路为指导，以文化保护、陈列展览、环境景观、管理服务为提升方向，重点实施保国寺大殿维修、千年大庆庆典活动、主题陈列改造、入口区和六大景点环境整治等项目工程。通过这些工程，将实现保国寺的跨越式发展，从而确立保国寺在世界文化遗产中的重要地位，达到国家一级博物馆标准的一流专题博物馆水准，创建成为国家5A级旅游景区，与周边景区联动，统一规划、统一步骤，打造三江文化长廊与大运河（宁波段）北线文化观光旅游休闲生态带，成为北接镇海九龙湖生态景区、西联姚江河谷文化长廊的桥头堡式核心文化旅游景区。

沐着"十二五"开局之年春风，国家文物局同意保国寺大殿维修工程立项，保国寺整体功能提升改造工程写入宁波市"十二五"发展规划，保国寺一轴三环旅游规划深入设计委托专业机构开始编制，保国寺主题陈列改造工程按程序上报审批，保国寺—莼湖旅游度假区基本确定功能区划和平面布局，可谓是捷报频传，喜事不断。延续这样的势头和速度，可以确信到2013年，历史上几度中兴的"四明之冠"——保国寺将迎来她的又一个中兴，走出"国保"单位历史文化遗产保护利用的示范之路，兴起甬城社会主义新文化建设的高潮，为宁波文物事业树立又一个开创性标志。

注：本文系纪念保国寺大殿公布为第一批全国重点文物保护单位50周年（1961～2011年）而作，特选入本刊。

「建筑美学」

肆

【宁波庆安会馆雕刻图案特色及意蕴分析】

黄定福·浙江省宁波市文物保护管理所

摘　要：庆安会馆是我国八大天后宫、七大会馆之一，其整个建筑的文物价值主要体现在宁波传统工艺的"三金"（泥金彩漆、朱金木雕、金银彩绣）和"三雕"（砖雕、木雕、石雕）[一]技术，结合了行业会馆、祭祀妈祖的双功能特点，既有敬神又有娱乐的双戏台特殊平面布局，南北舶商经营贸易的船运和船形的分界点，实为国内所罕见，成为宁波地方特色建筑的典范，2001年6月被国务院公布为第五批全国重点文物保护单位[二]。

关键词：庆安会馆　雕刻图案研究　意蕴分析

一　庆安会馆建筑雕刻的分布现状[三]

　　会馆中轴线第一进为宫门（图1），其结构为三开间抬梁式双卷棚（鸳鸯式）三马头假二层（楼式）硬山顶建筑，建筑面积117.6平方米。大门采用石框结构，正立面墙体侧石采用本地梅园山红石雕以凸形花板，墙面采用水磨青砖，门额（天盘）用十四幅砖雕和仿木砖雕斗拱进行装饰。装饰的画面充分运用了我国传统的立体布局，层次分明，栩栩如生，其雕刻笔法细腻，内容丰富，所选题材大多为民间传说和戏曲、八仙、三星、九老等人物及花鸟动物博古等，门楣上方中央嵌有"双龙戏珠"御牌形直匾，上书"天后宫"贴金砖刻大字（图2）。门内鸳鸯式卷棚，下饰悬空木雕花蓝。明间抬梁均饰雕刻，

[一]　宁波市文物管理委员会办公室编：《宁波胜迹》，1987年版，第36页。

[二]　《国务院公布第五批全国重点文物保护单位名单》，第294页，庆安会馆，清，浙江省宁波市。

[三]　庆安会馆经全面维修后，于2001年12月正式对外开放，同时辟为浙东海事民俗博物馆。

图1　宫门

图2　双龙戏珠匾

图3 仪门

宝镜接顶，三条圈梁下均有立体透雕"双龙戏珠"托枋，梁侧面装饰戏曲人物、花鸟等图案花板，朱金贴面。台板三围摺锦拱形栏杆（吴王靠），俗称"火栏杆"。台上装浮雕贴金屏风八扇，屏边左右各有一门，为演员"出将入相"的进出通道。台下明堂正中甬道直抵大殿台阶。戏台的南、北两侧有前厢房（看楼）各四间，梁架为抬梁式四步架两柱造。二层檐柱摺锦拱形栏杆与戏台同。并设花窗，楼下为敞开式。各间檐口用方形石柱，厢内磨砖墙面，与大殿梢间、过道

迎面"月朗空晴"横匾更显光彩夺目，两侧山墙内壁水磨青砖拼接布设美观、讲究。

第二进仪门（二门）（图3）包括前戏台（图4）、前厢房（看楼），建筑面积542.6平方米，全部建筑于20世纪60～80年代拆毁，拆除后平整地面作为木行路小学学生活动操场，建筑石作基础仍保留原状。根据1956年房管处测绘草图和1953年南京工学院（东南大学）测绘简图情况分析，仪门建筑应为五开间硬山顶结构，山墙为四马头风火墙，檐侧配有石作八字式墙头，雕刻耕织图案。建筑正面为重檐卷棚，檐口有蟠龙石柱六根，梢间前后统逑拷作、玻璃花窗，内部安装扶梯通看楼；大门三道共六扇，正门前装抱鼓石一对，上设门当和匾额，进门后素面屏风八扇，屏后设前戏台。前戏台为歇山顶造型，双龙吞脊，中饰砖雕"奎"星、戗、垂脊饰戏剧人物（图5）与瑞兽等，屋顶筒瓦覆面，戏台内顶藻井为穹隆式结构，俗称"鸡笼顶"，由十六条斜昂螺旋式盘索至

图5 垂脊上戏剧人物

图4 前戏台

162

图6　大殿

图9　匾额与朱金木挂落

（楼梯间）相连接，厢房马头山墙前部均饰有砖、石雕人物、花草等图案。

　　第三进大殿（图6）为五开间抬梁式重檐硬山假歇山顶结构，通面阔23米，通进深9.8米，建筑面积841.7平方米（包括后厢房、后戏台），脊梁高12.5米。根据现状结构分析，大殿建成后不久，将明、次三间屋面由单檐改为重檐，形成假歇山顶，其四角翼然，高耸雄伟，其大木作法为典型的宁波地方风格，且甬上罕见。殿前檐柱为青灰色高浮雕蟠龙（图7）、双凤石柱（图8），各2根，高达4米，雕刻龙凤神态逼真，形象生动，寓玲珑于浑厚之中，柱间用透雕龙凤花草等图案的挂落（图9）相连。

图7　蟠龙石柱

图8　凤凰牡丹石柱细部

图10 "玉泉鱼跃"平面石雕

图11 大殿匾额及梁架上雕刻精美的妈祖生平传奇图案

图12 雕刻精美的前廊卷棚顶

两侧八字墙头，分别嵌有一长方形的本地梅园山红石浅浮雕石刻，内容为"西湖十景"和"玉泉鱼跃"（图10），图案雕刻精致，布局协调合理，把古杭州的山水、楼台，淋漓尽致地展现在人们眼前，其细腻浅刻法与龙凤柱豪放浑厚的风格形成了鲜明的对照，使人们情不自禁地领略到沉重舒长、低细绵密、清浊圆润的韵味。殿内4根金刚柱均为南洋藻木。大殿明间原设天后妈祖暖阁（神龛），雕刻精致，暖阁两边设门形屏风进行分隔，殿内梁柱挂多方匾额（图11），大都

为历代帝王褒封、佑国庇民、海波安澜等内容，所有匾额于20世纪60～70年损毁。殿内左右两侧磨砖隔墙古朴大方，卷棚（图12）及朱金雕板都由高手制作。殿后戏台与前戏台作法基本一致，但斗拱出檐、铺作做法稍逊前戏台。戏台左右有后厢房（看楼）三间，栏杆门窗作法与前厢房（看楼）相同，明堂铺设青石板。

第四进后殿为五开间抬梁式重檐硬山顶楼房建筑，建筑面积631平方米，四线屋脊，泥龙正鸱，脊中正面堆塑"双龙戏珠"（图

13)，背面堆塑"双凤朝阳"，山墙作马头式（图14）。楼上楼下原供神像及闽广先哲牌位。每年春秋二季同业聚会公议，处理一切事宜，多在楼上举行。楼上前檐设走廊，窗户为镂空锦窗，窗下装有通间（明、次三间）靠背椅子，为后戏台看戏的主要座位。楼下后廊设阔檐巡通道，可过往南面耳房和北边附房，檐外为见天小明堂，堂后筑高耸隔墙与附房分割，用于防火、防盗。

图13 双龙戏珠

二 庆安会馆雕刻的"三绝"：龙凤石柱、砖雕宫门、戏台木藻井[一]

1. 石雕，集中反映在正殿一对蟠龙石柱和一对凤凰牡丹石柱，柱高4米多，采用了高浮雕和镂空相结合的雕刻技术，形态逼真，构思独特，配以精致的柱础，为国内罕见的石雕工艺精品。蟠龙石柱（图15），盘龙须眉怒张，倒挂攀附柱上，张牙舞爪，活力四射，周身云雾翻滚，两只蝙蝠在云雾中上下飞舞；两边两根凤凰牡丹石柱，上截是凤，下截是凰，半露柱外，振翅欲飞，活灵活现。真的就像是龙凤只是暂时憩于柱上。中间

[一] 宁波庆安会馆现有前后两戏台，前戏台原已毁，为重建，后戏台为经过维修的原物。

165

图14 防火马头墙

图15 蟠龙石柱细部

门楣用十四幅人物故事砖雕和仿木砖雕斗拱进行装饰，勒脚石雕凸板花结，墙面精工磨砖；门楣上有一个用砖雕成的圣旨型竖状匾额，匾额两周是浮雕双龙戏珠，中间浮雕天后宫三字[二]。匾额两侧都是"砖雕八仙"、"渔樵耕读"等人物故事（均在"文革"时被毁去人物头部，现为修复版）和凤凰（图16）、狮子（图17）滚绣球等动物造型。砖制门楼甚至连同斗拱、椽子、垂花都一同用砖烧

图16　凤凰砖雕（头为后补）

图17　狮子砖雕（头为后补）

图18　戏台藻井

为盛开的牡丹。紧靠着凤凰石柱的墙面上各镶两块梅园石浅雕条屏，浮雕深度不到一厘米，将"西湖十景"图作了精雕细琢，与龙凤石柱形成了粗犷与细腻、展现动与静的韵律之美。从资料得知[一]，传说这两对龙凤柱为福建出产，运往宁波途中船只遭遇风浪，同行船队皆毁，唯独两艘运输船得天妃佑护保全。船工返回，演戏三日以谢天妃，一时传为佳话。

2. 宫门是一个规模不大的砖制门楼，看得出这里的主人不希望会馆显山露水，也许就是浙商的内敛特性吧。正立面为砖墙门楼，

制，这是清末民间建筑砖雕门楼的常见形式，但那些雕刻完全称得上是精品。

3. 戏台基本都会有藻井[三]。庆安会馆前戏台的藻井（图18）是一个鸡笼顶，这个藻井也用了数百花板榫接而成，朱金俯面靓丽炫目。藻井四角是四个代表福祉的变形蝙蝠，蝙蝠的头被刻画成龙状，还顶着一枚铜钱，是否含有财富的寓意呢？戏台四周木栏上雕有若干个龙吐珠的形象。当然最令人惊叹的就是戏台顶部四周的斗拱（图19、图20）、挂落和花板，可以说这些东西把宁波朱金木雕的精美工艺表现得淋漓尽致。花板

图21　三英战吕布及双龙戏珠

[一] 光绪《鄞县志——坛庙》。

[二] 天后宫三字维修前被石灰覆盖，维修时发现并被保护了下来。

[三] 周千军主编：《月明故乡甬上古戏台》，宁波出版社，2006年10月版。

[四] 徐培良、应可军：《宁海古戏台》，中华书局，2007年11月版。

图19　朱金凤凰翼翘拱和匾额

图22　出将门

图23　入相门

使用浮雕手法，主要刻画了"三英战吕布"（图21）等三国故事；三条挂落则使用了透雕手法，雕出了三组双龙戏珠和凤戏牡丹图案；而斗拱则都化成了龙头和一只只展翅的凤凰；"出将"（图22）"入相"[四]（图23）之处也做成了龙状，背部的六幅侍女浮雕更是惟妙惟肖！

三　庆安会馆雕刻特色研究

雕刻艺术是古今中外建筑中重要装饰手段之一，不论是皇宫、殿、祠、庙、观，还是民居构筑物及室内外家具、摆式、小巧的轩、榭、亭、台，都可雕刻成各种不同形式、不同内容的精致作品，特别是明清遗留下来的雕刻器物，其内容丰富翔实，形象逼真，立体性强，足见古人在雕刻艺术中的深厚功底。宁波地区现存雕刻

图20　精美的转角斗拱

图案完整，艺术性强的古建筑已不多见。庆安会馆作为宁波在砖雕、石雕、木雕艺术最集中最精致、内容最丰富之处，对研究宁波乃至浙东雕刻艺术和建筑装饰艺术，颇具有重要价值。

（一）雕刻图案内容

雕刻图案多种多样，按雕刻形式分有：木雕、石雕、砖雕；按图案造型类别可分为动物、植物、几何图形、历史传记花样、文字花样、器具花样等六类，下面就常见的雕刻图案作简单说明。

1．事事如意[一]：形容所有的事情都如意，借"柿"、"狮"与"事"的音相同来表示，上述植物与狮子又都有吉祥之意。如柿树：（1）长寿，（2）多荫，（3）元鸟巢，（4）无虫蛀，（5）霜叶可玩赏，（6）嘉实，（7）叶肥大；狮子（图17）：是威武勇猛的兽中之王（又有称虎为兽中之王之说）。

2．"福寿双全"和"五福捧寿"："福"是福气，"寿"是长寿的意思，福寿双全是人们美好的愿望。五福是：（1）寿，（2）富，（3）康宁，（4）孝终命，（5）好德。一般常用动物蝙蝠（图24）或案品中的佛手，以"蝠"、"佛"与"福"字同音来表示，寿多以寿桃、寿石、寿字、青松、仙鹤等图案来表示。

图24　福在眼前托搏

图25　国色天香

图26　玉树临风

图27　八仙图案

[一] 刘秋霖、刘建：《中华吉祥物图典》，百花文艺出版社，2000年版。

3. 岁寒三友：指松、竹、梅三物。松：是一年四季叶茂常青的树木，人们以它作为坚贞不屈、意志刚强、长青不老的象征。竹：是风度潇洒，经历四季风雨挺而不傲，虚心正直抗霜雪而不凋的君子气质。梅：是以冰肌玉骨、傲雪开放、清香幽雅而为人们所喜爱。它们在严冬风雪里都能依依同生，共同象征了一种高洁的风格。

4. 国色天香（图25）：指牡丹。牡丹在我国被誉为"花中之王"，是色、香双绝的名花，多以它象征富贵荣华。

5. 君子之交（又称芝兰之交）：比喻与友人的来往，如与正派的友人相交，则如"入芝兰之室，久不闻其香，则与之化矣"。借图中兰草、灵芝和礁石，"礁""交"同音来表示。

6. 玉树临风（图26）：以玉兰花象征洁白高雅，它与牡丹组成的图案则叫玉堂富贵。

7. 琴棋书画：历来由文人墨客所喜爱，也为雕刻中常用素材。

8. 八仙（图27）：常见的是明八仙，即人物图案，明清以来逐渐用八仙使用兵器来暗示八仙即所谓暗八仙图案。

9. 放牧图、耕织图、娱乐图（图28）、丰收图：每幅图案之间有花鸟图隔开，人物有老少，男女，总计不同神态的人物约有一百多个。

图28　精美的砖雕上饰福寿老少娱乐图案

10. 尾龙、草纹：明清以来在雕刻图案中常用变形的龙凤及花草来代表某物。

从中我们可以看到，当时在建造此会馆时，可谓匠心独具，使建筑在居住功能满足的前提下，呈现精神文化之美，又因暴露了木头及石材的质感和色彩，有真实感，亲切感，庆安会馆不愧为雕刻艺术最精美之处。

（二）庆安会馆雕刻图案有章可循，雕刻图案虽然种类繁多，但究其内容，很有规律性。

1. 纹样图案

动物纹：如龙（图29）、凤、麒麟、狮、马、鹿。植物纹：如岁寒三友（松、竹、梅）、四君子（梅、兰、竹、菊）、灵芝、海棠。自然纹：如日、月、山川、风、云、石、水。几何纹：回纹、八角纹、圆。文字：福、禄、寿、人、亚。人物：八仙、寿星、人文戏剧、神话等故事中人物。器物：暗八仙中道八宝（芭蕉扇、阴阳板、玉笛、葫芦、宝剑、荷花、篮、渔鼓）、琴棋书画、钱币、元宝等。

2. 雕刻图案内涵

谐音：如鹿（禄）、蝙蝠（福）、金鱼（金玉）、花瓶（玉安）、蝴蝶（福）。移情：如牡丹纹（富贵）、仙鹤、桃子（长寿）。神话：龙、凤、麒麟等。传说：和合二仙、八仙等。掌故：劈山救母（宝莲灯记）等。日常生活：耕作图、纺织图、丰收图、嬉乐图。

3. 表达方式

寓意：如八仙（祝寿）、天官（赐福）、玉泉鱼跃（登科及第）。显喻：如仙桃（长寿）、松鹤（长寿）。隐喻：羊（孝顺）、暗八仙（祝寿）。比拟：如芭蕉（爽朗）、浮萍（淡泊）等。

庆安会馆这些传统雕刻图案，具有喜庆吉祥之意，还具有丰富的哲理内涵。

（三）庆安会馆雕刻图案的特点

在中国特有的文化历史背景和建筑艺术影响下，其建筑雕刻图案形成了自己独有的发展体系和艺术特征，庆安会馆雕刻图案也如此。它鲜明的外部和内在特点，主要表现在以下几个方面：

1. 形式上的多样化

庆安会馆雕刻图案千变万化，例如：雕刻图案种类多达上百种。建筑具有较固定的格式：柱础、门道、壁照、天井、木构架、屋顶等都有相对稳定的形式语言，促使各部位的装饰图案分门别类各自发展。形式上取材于动物、植物、自然形态、几何图形、神话传说、历史故事、社会生活及文字等等，有着多样化的题材和形式背景。由此，产生了极富想象、精彩纷呈的多样化的建筑雕刻图案，堪称宁波地区乃至江浙地区又一奇葩。

2. 封建等级制度的反映

中国建筑本身有一个特殊的作用，就是与仪仗、车舆、服饰一样，代表着所有者的社会地位和身份等级，建筑规模和雕刻图案的运用都不得随意僭越，历代对于雕刻图案的采用都有明文规定的记载，例如《尚书·大传》："大夫有石材，庶人有石承"，《陈书·肖摩诃传》："三公黄阁听事鸱尾"，《明史·舆服志》："禁官民房屋不许雕刻古帝后圣贤人物及日月龙凤狻猊麒麟犀象之形……。《大清会典》："亲王府制……绘金云雕龙有禁，凡正门殿寝均覆绿琉璃脊，安吻兽门柱丹护，饰以五彩金云龙纹，禁雕龙首……余各有禁，逾制者罪之"等等。雕刻图案不仅是艺术作品，更是封建社会尊卑上下主从秩序的标志，可见统治阶级如此对雕刻图案的重视和控制，庆安会馆雕刻图案内容基本按《大清会典》装饰。

3. 与中国文字有密切的关系

中国文字源于象形图案，日月山川雷雨云气等自然现象，凤鱼牛羊等动物，宫廊、席、窗等建筑形象，都经过写实和提炼形成了非常生动概括的图案化文字，同时图案化的文字又被直接当作图案运用于雕刻上，如云纹、雷纹、渊纹、山纹、凤纹等。一些表示吉祥的汉字本身也成了建筑雕刻图案，例如用"福"、"寿"等十分普遍，把汉字的书法艺术与联匾等相结合组成为建筑雕刻内容，就更加常见了，这些情况，都是与中国独有的象形文字有密切的关系。

4. 图案形式的通用性

尽管庆安会馆建筑的组成和构件是特定的，但其雕刻图案有着较强的通用性的。

首先是各建筑部位的装饰图案很多可以通用。例如许多图案如套方、方胜、回文、万字、冰裂、海棠、扭长等，完全可以用于木栏杆、石栏杆、砖瓦花格窗、砖石铺地等。又如如意纹，可用于裙板、斗拱、悬鱼惹草、砖刻、石刻、柱础等。

图29　三龙戏珠鱼跃龙门石雕

其次建筑雕刻图案来源于其他装饰艺术，如铺首纹来自于青铜器纹样，宋织锦纹彩画源于丝绸织物图案。民间包袱彩画则更是直接模拟用花样包袱布披挂于梁枋之上的形象。还有汉砖的纹样，更是与当时的陶器纹样如出一辙，难分彼此了。这反映出雕刻传统艺术在整体上的统一性。

5. 形式、功能、材料加工技术的相互统一

庆安会馆雕刻图案的形式，是与使用功能、制作材料和加工技术相一致的。瓦当是为了防止雨水腐蚀椽头，斗拱、月梁都是结构构件，窗隔用来贴纸或装明瓦，漏窗月洞门用来借景，它们都承担了一定的功能

衮服上"十二章"的意义，这些图案运用于建筑雕刻亦如此。龙、凤代表着尊贵，狮、虎代表威严，龟、鹤表示长寿，松、竹、梅代表高洁，莲花代表净土，飞天代表欢乐，忍冬象征益寿，缠枝象征绵延发展，如意象征佛法无边、随心所欲，火焰代表正义和兴旺。钱纹显示富有，云纹表示祥和，等等。有些图案是取避祸防灾之意。如石狮、铺首、套兽是镇邪之意。谐音的象征图案也很多。如鱼（有余）、

图30　花鸟双喜

作用。窗隔以细长的木构件拼成，所以形成的图案以回纹、直棂、菱花三类为主，发挥了材料的特点；斗拱以木材拼成后再饰以雕刻，图案层次多而原理简明。

6. 寓意上象征高贵吉利，祈求富裕平安

几乎所有象形的雕刻图案，都运用了象征的手法，直接或婉转地寓意幸福、高贵、智慧、和平、富裕、长寿等美好愿望。"日月星辰取其照，山取其镇，龙取其变，雉取其文，虎蜼取其孝，藻取其洁，火取其明，粉米取其养，斧取其断，亚作两已相背之形，取其辨。"这是天子

蝙蝠（有福）、瓶（平安）、莲子（连子）、笔锭如意（必定如意）、蝙蝠铜钱（福在眼前）等等。还有一些常用物事图案，也隐含了象征意义。如"琴、棋、书、画"代表儒雅，"暗八仙"表示万事恒通。还有一些几何形图案，通过联想和命名得到象征的意义。如回文盘长、寓意连续不断，锦葵表示前程似锦，井口、套方表示富有。

庆安会馆雕刻图案始终贯穿着整幢建筑的装饰工程，砖雕、石雕、木雕，平面雕、浅雕、深雕和透雕手法相结合，技巧娴熟。

灵透的图案挂边和挺括各式阴阳线脚，精美不能言状，分块成组的画面：山水、人物、花鸟（图30）、鱼虫无不巧妙安排；特别是戏剧、神话、传说、日常生活题材的人物：喜、笑、怒、骂，面目清晰传神，动作生动自如，衣裙线条准确流畅，加之配景符合故事情节的特点要求，似水乳交融一般协调，真有点"鬼斧神工"之妙。

庆安会馆雕刻图案艺术不愧为宁波市历史文化遗产中一颗璀璨的明珠。

四 庆安会馆雕刻图案所反映的意蕴分析

庆安会馆建筑装饰中图案的运用，是民间吉祥艺术的一种语言表达形式，它的核心和载体是信仰和民俗，其图案装饰艺术的形式与意蕴主要体现在以下三个方面。

1. 海上丝路文化[一]

宁波市东临大海，自古擅鱼盐之利，唐宋以来，以其天然的地理优势和经济优势成为我国"海上丝绸之路"的重要港口。各地商人依托宁波港的优越地理环境，开设商号，打造船只，经营货物，繁荣了海上贸易。作为我国对外贸易的主要口岸和"海上丝绸之路"的始发港之一。闽、粤商人在此经商，他们以福建木材、桂园、两广食糖等为大宗货物，每年二次由海上线路到达宁波进行集散贸易。庆发会馆系由宁波、慈溪、镇海商贾共同出资建造[二]，耗资七万饼，并每岁春秋二季聚集会馆（天后宫）进行祭祀活动，求告"海运平安"、"生意兴隆"。庆安会馆建造的时候也带来了异地工匠的技术和艺术风格，同时当地的工匠虽然根据会馆主人的意愿和要求创作，但他们还有很大的艺术自由性，在不违背主人的意愿下自然会加入本土的创作手法，比如大殿的龙凤柱同福建的天后宫龙柱有相同之处，许多雕刻图案也有相同之处。这也体现了海上丝绸之路的共性。

2. 妈祖文化[三]

天后女神莆田湄洲林氏女护国庇民、扶贫救苦，概括了天后的主要功德，也是妈祖文化的精髓所在，妈祖吉祥图案的主题是禳灾纳吉。商帮会馆是传播妈祖民间信仰的主要媒介，商帮建天后宫的目的，首先是他们相信妈祖能保护他们航运安全和保佑他们免予疾病、破产等意外之灾，借以调节和平慰现实的经商环境对自我所造成的心理紧张。屋脊上的"和合二

[一] 董贻安：《宁波海上丝绸之路与申报世界文化遗产》，《宁波史文化二十六讲》，宁波出版社，2004 年版，第 73 页。

[二] 刘云：《宁波的妈祖信仰和天妃宫的兴废》，《中华妈祖》，2008 年第 3 期。

[三] 钱路：《庆安会馆与妈祖文化》，《宁波历史文化二十六讲》，宁波出版社，2004 年版，第 255 页。

图31 算盘纹饰

仙"，墀头上的葫芦、松鼠葡萄，美人靠上的"鸳鸯戏水"，墙基上的大象及花瓶等图案正是人们祈求风调雨顺、丰衣足食、儿孙满堂、家庭和睦、生活幸福心理体现。

3. 会馆文化[一]

人们的信仰根植于人类的生存环境，通过图案能折射出人们的民俗生活，商人是民众中最迷信的群体，经营和投资中存在的风险使他们在谨慎谋划的同时不忘遵循趋吉避凶的民间风俗，这些求财祈福的心理表现在会馆建筑装饰图案的各个方面。

如大量出现的"葡萄和松鼠"，鼠：财富和财神的象征，又称藏钱，鼠多子，象征多子多孙。葡萄：它的枝既为棵又为本，葡萄粒多又得以万字才能概括，葡萄"粒"与利谐音，为一本万利，寓意生意兴隆，财源滚滚。"刘海戏金蟾"、"刘海撒钱"等图案也充分体现了商人的心理思维和价值取向。清代受"兴商、兴学"的影响，商人阶层已经摆脱社会底层的身份而活跃于民间，会馆建筑装饰图案中的算盘（图31）、铜钱等商业器具是商业活动的体现，也是商业文化和商人阶层审美观的体现。

[一] 黄浙苏、钱路、林士民编著：《庆安会馆》，2002 年12 月版。

174

「佛教建筑」

伍

【清代承德地区的佛寺与祠庙】

王贵祥·清华大学建筑学院

　　摘　要：清代承德地区，在数百年间，建造了大批佛寺、道观与地方性祠庙。本文依据文献的记载，对曾经建造并存在过的这些寺院、道观与祠庙做一个大略的梳理，按避暑山庄内的佛寺、道观，避暑山庄外的佛寺与道观和承德地区的佛寺与道观三类分别介绍。这或对今日思考承德在经济社会发展过程中的历史文化的传承与发展能够起到一点借鉴性的作用。

　　关键词：承德　佛寺　祠庙　梳理

　　清代承德地区，作为清代帝王的避暑之地，也成为了中国北方的一个文化重镇，在有清数百年间，建造了大批佛寺、道观与地方性祠庙。这里依据清代《大清一统志》、《钦定热河志》等文献的记载，对于清代承德地区曾经建造并存在过的这些寺院、道观与祠庙做一个大略的梳理，或可以了解清时期承德地区在文化上的重要地位，以及此时期承德地区与其他地区在文化与建筑上的差异，从而了解清代承德地区特殊的政治与文化地位。这或对今日思考承德在经济社会发展过程中的历史文化的传承与发展能够起到一点借鉴性的作用。

一　避暑山庄内的佛寺与道观

（一）避暑山庄内的佛寺

　　永佑寺　位于承德避暑山庄内的万树园旁，在康熙所题之"甫田丛樾"之景的东侧。始建于乾隆十六年（1751年）。

　　这应当是一座专供帝王祈佛之用的内道场。寺院为四进院落，其前为山门（三门）三间，门上有御书"永佑寺"匾额。进入山门后第一进院落中有前殿五开间，殿内供有弥勒佛。第二进院落中的正殿亦为五开间，殿额为"宝轮殿"，其内供奉三世佛与八大菩萨。第三进院落的正殿为无量寿佛殿。每一进院落都各有自己的配殿。后殿之东另有能仁殿一座。后殿之后则为高九层的舍利塔。与塔相对还有一座三间的两层楼阁。清代乾隆时，楼阁上层正中悬挂有康熙帝的御像，东侧有雍正皇帝的御像。其作用相当于唐宋时代寺庙中专门供奉前代帝王神御像的"神御殿"。小楼西偏有一座三开间小殿，其额为"写心精舍"。

这座寺庙是乾隆帝每年都来瞻礼的地方。寺院有墙，墙外有水相环，寺东北有乐成阁，寺东南有春好轩等建筑。这座寺院提供了一个标准的具有园林趣味的清代皇家内道场的平面格局。

水月庵　位于避暑山庄内的西北隅，庵为东向布局。庵门外有一座石牌坊，门额为嵌石的做法，上为乾隆御书"水月庵"三字。庵内有一座三开间殿，殿内供奉水月观音大士的造像。其庵位于避暑山庄内的西岭深处，山之半腰处有"山心精舍"。精舍后有径可达西岭之巅，上有一景曰"放鹤亭"。

碧峰寺　位于避暑山庄内碧峰门的左侧，寺院为坐西朝东的布置。寺前为天王殿，其后为寺院之正殿，正殿之后为藏经楼。寺院之后又有一座小型的精舍，称为"味甘书屋"。书屋之右侧为乾隆时所题之景——"丛碧楼"。楼前有水池一弘，临池有亭，称为"迴溪亭"。

旃檀林　位于避暑山庄内水月庵之后，其殿为三开间，呈南向布置，其位置处于山庄内的西岭深处，故乾隆为之题有："乔林弥望岩，芭洞卉风过"之联。其旁有室曰"天籁书屋"。山岩之顶有一天池，池旁有

轩曰"澹轩堂"，另有一亭曰"沧洲趣"，还有"松云楼"、"澄霁楼"、"云润楼"等。显然这纯然是一座山林趣味的园林式精舍，是供帝王躲避尘世喧嚣的绝佳去所。

鹫云寺　位于避暑山庄内西峪乾隆所题景"秀起堂"的旁边。寺为坐西朝东布置。寺有山门，门上有御书寺额"鹫云寺"。寺内正殿三开间，殿有一座三层楼阁，登上楼阁是观赏远山近景的绝好地方。

珠源寺　位于避暑山庄内水月庵的西南方向上，因其紧邻山庄内的瀑布之源头，故称"珠源寺"。寺为坐西朝东布置，寺前有石桥，寺门前有石牌坊，寺门有额曰"珠源寺"。门内前为天王殿三开间，其后为佛阁，阁后设后殿，其殿额名曰"大须弥山"，殿内供奉"一切诸佛"。寺院最后一进是一座十三开间的楼阁，其额为"众香楼"。这应该是一座在规模上与永佑寺比较接近的内道场。

（二）避暑山庄内的道观

在避暑山庄内，除了佛教寺庵之外，还有两座道教宫观，反映了清代帝王对宗教所采取的兼容并蓄的态度。

斗姥阁　这是康熙帝时所建的一座道教建筑，位于避暑山庄内由康熙所题之"青枫绿屿"一景的上方，阁为坐北朝南布置，阁上的匾额为康熙所题。

广元宫　这是一座于乾隆四十三年（1778年）敕建的道观，其宫观制度仿自山东泰山前的岱庙。其门南向，门外有亭子一座，称"古俱亭"。门前左右各设东、西山门，均为三开间。内有仁育门，门内有馨德

亭。两侧有东西配殿各三开间。东配殿名为"邀山室"，西配殿名为"蕴奇斋"。宫内正殿为仁育殿，殿为五开间。

二 避暑山庄外的佛寺与道观

（一）山庄之外的"外八庙"

溥仁寺 为承德外八庙之一，位于避暑山庄东三里许的位置上，是康熙五十二年（1713年）时，蒙古王公为祝贺康熙帝60大寿而建造的。寺门南向，并列有满、汉、蒙古文字的匾额。山门内为天王殿三开间。寺内正殿为七开间，内供三世佛。后殿为九开间，内供无量寿佛。

溥善寺 在溥仁寺之后，也是康熙五十二年，蒙古王公为祝贺康熙帝60大寿而建造的，其制度与溥仁寺相同。

普宁寺 在避暑山庄东北五里的狮子沟，是乾隆二十年（1755年）评定准噶尔叛乱之后设，乾隆帝行幸避暑山庄时，卫特拉蒙古四部落（和硕特、准噶尔、杜尔博特、土尔扈特四大部落）来承德觐见乾隆皇帝时，乾隆帝所敕建的。其制度仿自西藏的三摩耶庙（萨迦寺）。寺院为南向布置，前为山门，门内正中有御碑亭，左右为钟鼓楼，中为五开间的天王殿。天王殿后有正殿七开间，正殿后即为全寺的中心建筑——大乘阁。阁东有五开间殿，称"妙严室"，是供皇帝休憩之所。阁后则是按照佛教宇宙观念设置的诸建筑。

普佑寺 在避暑山庄东北六里处，乾隆二十五年（1760年）敕建。寺南向，山门为三开间，寺内依序为天王殿及正殿，其后为法轮殿，最后为藏经楼。这座寺庙中的佛像都依藏传佛教的造型与制度。

安远庙 位于避暑山庄东北的山麓下，乾隆二十四年（1759年），投降清廷的准噶尔部落达什达瓦部被迁居于山下，故乾隆二十九年（1764年）敕建安远庙，仿照新疆伊犁的固尔扎庙式样而建。其寺庙门朝向西南，正与山庄相呼应，寺原有缭垣，式为四方，每面都设门，院中为三开间的普度殿，殿四周有回廊64间，形成藏传佛教寺院之都纲法式的做法。现在寺门、围墙及回廊都已不存。

普乐寺 位于避暑山庄东北二里许，乾隆三十一年（1766年）敕建。寺院为坐西朝东布置，寺中的正殿供奉药王佛。正殿后为一座坛城式的高台建筑，台上用一座圆形平面的建筑，及重檐圆顶的造型，形成了独具一格的佛寺建筑形式。圆形建筑物内高台上是一座立体的坛城。普乐寺还以其与承德地区的特有风景磬锤峰紧密相邻，而更增加了其神秘的宗教文化特征。

普陀宗乘庙 位于避暑山庄以北约一里地左右的地方，乾隆三十五年（1770年），为了庆祝蒙古族土尔扈特部落的归来，仿照拉萨的布达拉宫，并运用藏传佛教建筑都纲法式而建造，其主点是位于回廊中心的万法归一殿。寺庙建筑群依山而建，依照藏式建筑式样呈自由式布置，分为白台区与大红台区，将拉萨布达拉宫建筑的基本特征巧妙地再现了出来。

殊像寺 位于普陀宗承庙之西，乾隆三十九年（1774年）敕建，是仿照五台山上的殊像寺而建造的。寺院坐北朝南，山门为三开间，左右有钟鼓楼，山门内为天王殿，第二进为七开间的正殿"会乘殿"，殿后有一座楼阁称"宝香阁"，并有楼称"清凉楼"。此外，寺内还有香林室、倚云楼等建筑。

广安寺 寺在避暑山庄之北，寺院呈坐北朝南布置，乾隆三十九年（1774年）敕建而成。这也是一座藏传佛教建筑群，是按照蒙古人所尊崇的藏传佛教黄教的寺院格局而建造的。寺院格局略呈自由式布置，中轴线上布置着主要建筑。其山门的形式也是藏式建筑的造型。第二重门殿上置三座喇嘛塔，表现出了藏传佛教建筑的一些典型特征。

罗汉堂 寺在避暑山庄之东北，乾隆三十九年敕建。寺门内设钟鼓楼并天王殿，寺院正殿为"应真普现"，是一座平面为方形，多重屋檐的大殿。殿内的应真罗汉像是仿照浙江海宁州安国寺中的塑像塑造的。

须弥福寿庙 在避暑山庄之北，乾隆四十五年（1780年）敕建。这一年正值乾隆皇帝七十大寿，西藏班禅喇嘛远道而来祝贺乾隆帝的寿诞，为此而仿照扎什伦布寺的式样建造。在藏语中，扎什意为福寿之意，伦布即须弥山的意思，其汉译名须弥福寿正与扎什伦布的意思相合。寺院亦为自由式布置的藏式建筑，主要建筑也采用了都纲法式的做法。

开仁寺 寺在避暑山庄之北，始建于康熙五十二年（1713年），乾隆二十八年（1763年）时曾奉敕重修。寺院格局不详。

三 承德地区的佛寺与道观

（一）佛寺

除了避暑山庄附近的"外八庙"之外，清代在承德还有很多其他佛教寺院：

竹林寺 这是一座元代即有的寺院，位于承德东南方向的白马川，原名天宫禅院，于元至元间（1335～1340年）重修，康熙四十三年（1704年）再一次重修。此外，在承德青云山还有云峰寺、天平寺等，也曾是历史悠久的古刹。

穹览寺 位于承德的滦平县喀喇河屯行宫之南，是于康熙四十三年（1704年）为庆祝康熙驻跸喀喇河屯行宫而修建的，寺为南向布置。寺沿缓坡布置，寺门为"万寿门"，门内设钟鼓楼，寺内有前后殿，各有其东西配殿。寺前有滦河如带萦绕，在寺内

180

可以俯览滦河景色。

云光洞庙　在承德丰宁县中关西北，建于康熙六十一年（1722年）。寺庙中供奉的是三世佛。

星龛岩　位于滦平县西北，康熙年间敕建而成，寺内大殿殿额为康熙御笔，殿内供奉三尊造型奇古的石雕佛像。

峭壁寺　位于滦平县东南，殿额为康熙御笔所题。

静妙寺　位于滦平县西，建于康熙年间，有康熙御书寺额。

安禅寺　在丰宁县中巴尔台地，建于康熙四十二年（1703年），有康熙御题的寺额。

金云寺　在丰宁县南，建于乾隆元年（1736年）。此外，据《大清一统志》的记载，在丰宁县境内还有观音寺、千佛寺、兴隆寺、灵通寺、洪汤寺、月殊寺等。

灵峰院　在赤峰县翁牛特境遮盖山中有千佛洞，其中有金皇统三年（1143年）的灵峰院千佛洞碑及万历四十五年（1617年）的重修千佛洞碑。

佑顺寺　位于建昌县东北，寺建于康熙三十七年（1698年），有康熙所赐寺额。

承禧寺　位于建昌县西，康熙五十年（1711年）时，康熙帝曾驻跸于此，发帑所建，并赐寺额。

宏慈寺　位于建昌县北敖汉界内，康熙四十六年（1707年）由敖汉郡王扎木苏所建，康熙赐题寺额。

佑安寺　位于朝阳县东北，康熙四十四年（1705年）建，有康熙所赐寺额。

朝阳寺　位于朝阳县东，康熙九年（1670年）建。此外，在朝阳县木头城子东北另有一座朝阳寺，亦为康熙年间所建。该寺有一座位于山顶处的佛塔。

卧佛寺　位于朝阳县西的昂吉山上，寺址位于山顶，寺内存有辽应历七年（957年）的石刻经幢。寺后为蒙古人所改建。

天庆寺　位于朝阳县西的卧佛寺之下，始建于辽代，康熙四十七年（1708年）重修。寺内供奉有石胎所塑的观音像。

三学寺　位于朝阳县北的狼山上，旧为祥峦院，金大定五年（1165年）重修，并改名为三学寺。

林泉禅寺 位于朝阳县东南的月华山上，寺内有元大德九年（1305年）的碑。

承德是一个历史上佛教遗迹十分丰富的地区，在清代以前，承德府境内还有一些辽金时所建的寺院，但因年久失修及战乱与天灾袭扰，许多已经荒圮不存，如上仅是清乾隆年间尚存的寺院，其中一些在经历了两百余年的风雨与战火之后，恐怕也已不再存在，或仅存遗迹于残石乱草之中，亦未可知。但若能寻其遗址，竖立一二碑刻或标牌，或能对这些渐渐被人们所淡忘的历史遗迹还能留下一点淡淡的记忆。

（二）道观

琳霄观 位于滦平县喀喇河屯行宫东南，距离穹览寺约里许，建于康熙四十九年（1710年）。观有牌坊一座，内为观门，门内设钟鼓楼，再内为灵官殿，再一进为圣母殿，第三进为火神殿，殿额均为康熙御书。这可能是承德境内见于记载，且有皇帝御笔题写殿名的唯一一座道观建筑。

四 山庄内外的祠庙建筑

在传统中国的信仰体系中，除了儒家信仰中的天地、山川等自然神崇拜与祖宗崇拜，以及佛教、道教等一般宗教信仰之外，还有一些民间性质的神灵祭祀礼仪。这些礼仪构成了中国传统信仰中的重要组成部分，与这些民间神灵信仰相关的祭祀性建筑——祠庙，也成为各个不同等级城市中重要的建筑组成部分。

灵泽龙王庙 山庄内在避暑山庄内之湖的北岸，庙门东向，庙内供奉龙神。庙额"灵泽"，是康熙皇帝所赐。庙内有一幅楹联疑是乾隆帝所题：上联"润沃濡源湖水从东北入宫墙汇为太液"；下联"澄流衍泽润被塞垠盖龙之为灵昭昭"。这里应该是清代帝王在承德驻跸期间祈雨的地方。

龙尊王佛庙 位于承德城东北的汤山，因这里有温泉涌出，康熙帝于其地敕建此庙。此外，清代时承德府所属各级地方都有自己的龙王庙。

热河城隍庙 位于承德城之北，建于乾隆三十七年（1772年），庙额"福荫岩疆"为乾隆所题。庙内的主殿为五开间，殿前有左右配殿。

火神庙 位于承德城内的北大街上，建于康熙五十年（1711年）。人们建造火神庙，是为了约束火神，祈求它不要随意走动。清代时承德府所属的各级地方都有自己的火神庙。

关帝庙 位于承德城之西南方向，庙内有乾隆帝所题"忠义伏魔"的匾额。此外，在承德府境内有四座关帝庙，一座在城内的粮食街，始建于康熙五十年（1711年），一座在狮子沟，一座在二道河，还有一座在河东。这三座关帝庙都是乾隆年间所建造的。清代时承德府所属各级地方都建造有自己的关帝庙。

药王庙 位于承德狮子沟，始建于乾隆二十年（1755年）。此庙当为普通百姓祈求祛病除灾的地方。

碱神庙 在承德府右哨汛内，当是为了防止山洪暴发而祈求神灵的地方。在承德府署的平泉州也有一座碾神庙。

河神庙　位于丰宁县土城子的万载桥旁，乾隆十年（1745年）建造。

东岳庙　位于平泉州境内，其始建于元代。《元一统志》中记录了这座建筑，称其为丁酉年所建。元代有两个丁酉年，一个是元成宗大德元年（1297年），另外一个是元惠宗至正十七年（1357年）。这里当指前者。

三灵侯庙　位于平泉州，元代所建，据《元一统志》，庙建于乙酉年，元代两个乙酉年，一个是世祖至元二十二年（1285年），一个是惠宗至正五年（1345年）。这里似应指前者。

白鹿山祠　在建昌县境内，始建于北魏。原为白鹿山祠，以祭祀白鹿山。清代时的白鹿山在喀喇沁左翼之东。

龙山庙　在建昌县境内，元代时即有此庙。据《元一统志》，庙在利州南二百里的地方，用以祭祀龙山神。

自明代以来，地方祠祀建筑渐渐成为一种重要的城市建筑类型，并且形成了一定规制。如明代各府、州、县都有孔庙（文庙）之设，及地方性的社稷坛、风云雷雨山川坛、郡厉坛、先农坛、旗纛庙、马神庙、蜡八庙、三皇庙等，比较起来，承德地区的地方祠庙似乎并不像其他地方那么完备。从《大清一统志·承德府》的描述中没有提到承德的孔庙与坛壝，不知是记录上的遗漏，还是因为承德在清代历史上所处的特殊地位，因而没有在承德地区设置与其他地区相同的孔庙、坛壝建筑，亦未可知。

【江南禅寺廊院与山门形制】

张十庆·东南大学建筑研究所

摘　要：中唐以后随着中国佛教禅宗的兴起和发展，禅宗寺院逐渐成为汉地佛教寺院的主体和代表。形成了独特的寺院形态，并极大地影响和左右了其后整个汉地佛教寺院的面貌和格局。廊院制度是中国佛寺组群最典型的特征之一，唐宋以来廊院古制，回廊外墙封闭，由山门进出廊院，而山门则是廊院整体的一个标志。佛殿、法堂、僧堂、厨库、山门和方丈为禅寺的六要素。

关键词：禅寺廊院　山门　形制　构成

中唐以后随着中国佛教禅宗的兴起和发展，禅宗寺院逐渐成为汉地佛教寺院的主体和代表。尤其在南宋江南地区，禅宗寺院更是空前发展，成为禅寺发展史上最兴盛繁华的时代。禅宗寺院在自成一体的丛林制度下，形成了独特的寺院形态，并极大地影响和左右了其后整个汉地佛教寺院的面貌和格局。中国现有的寺院及佛教遗迹，几乎多少都与禅宗相关。

廊院制度是中国佛寺组群最典型的特征之一，寺院中枢或主体部分的布局及其特色，正是在廊院的限定和组织下展开和形成的。唐宋以来廊院古制，回廊外墙封闭，由山门进出廊院，而山门则是廊院整体的一个标志。

南宋禅寺布局的核心构成要素有六，即佛殿、法堂、僧堂、厨库、山门和方丈。其最稳定的构成关系为中轴线上纵列山门、佛殿、法堂、方丈，横轴线上厨库与僧堂对置于佛殿东西两侧，以佛殿为中心的纵横主轴，将六要素组成一稳定的构成关系。

一　禅寺廊院

禅寺回廊又称东西廊，以禅寺布局坐北朝南，两侧回廊分居东西而称。北宋《禅苑清规》中称"廊"，南宋《校定清规》中称"廊下"。宋时回廊是一封闭的内向廊院，由山门进出廊院，禁杂人入内，东西回廊墙上绘制壁画，壁画内容一般为五十三参相众。此为较普遍的做法，如南宋时天童、灵隐诸寺皆是如此。此制在江南直至明初仍见其例，如明初金陵灵谷禅寺[一]。日本中世禅寺同此，如京都东福寺回廊五十二间，东西壁上绘壁画，内容为禅宗祖师行状[二]。元明以后廊院或消失，或东西两廊空透开敞，已非早期面貌。

回廊有单层和重层之分，重层回廊底层架空者称阁道或复道，所谓"复道行空"（唐·杜牧《阿房宫赋》），《唐六典》中称之飞廊。阁道在早期宫苑及佛寺中多用，汉魏佛寺中"浮道"、"飞阁"已是表现寺院境界的重要形式，敦煌莫高窟壁画中则绘有表现"西方净土"的天宫楼阁形象，如敦

图2　日本中世禅院古图《明月院绘卷》
　　　（14世纪后期）

煌第45窟北壁观无量寿经变佛寺图中，佛殿两翼即为重层廊庑；又如山西晋城古青莲寺唐宝历元年（825年）碑刻佛寺图中所示佛阁两侧连以阁道的形象（图1），即是唐代寺院的写实。日本平安时代的平等院凤凰堂，亦以两侧阁道（重层翼廊）衬托中心堂宇的雄丽。由此可见，隋唐时期寺院殿堂廊庑重层是一较多见的形式，而这些古制在宋代江南禅寺中也有不同程度的留存。南宋江南五山大刹山门阁两侧，即仍存连以重层回廊的古制做法。

这时期江南禅寺重层回廊应是寺院规模等级的一种标志，其重层回廊似只延伸至山门两侧的重层钟楼和经楼为止，由此形成一组相互配合的楼阁建筑群体。日本《东福寺文书》财产目录记载印证了这一推测，京都东福寺五间重层山门阁左右为钟楼、藏阁及重层东西廊[三]，构成上类似于两翼行道阁

图1　山西晋城古青莲寺碑刻佛寺图

属的形式。日本中世禅寺重层回廊得以证实者有东福寺、圆觉寺、天龙寺、建长寺等几例，日本所存中世禅院古图《明月院绘图》中则可见连接于山门两侧的回廊复道形象（图2）。根据当时中日两地丛林的密切关系，日本禅寺重阁层廊形制，应反映的是江南五山寺院的状况，重阁层廊在宋元江南五山大寺上的运用是无疑的。根据已知史料分析，可确认的至少有径山寺山门五凤楼，此九间大山门阁，上层供奉罗汉，两翼为行道阁[四]，天童寺山门阁亦有可能重阁与层廊相配。然因重层回廊遗构不存，故宋元江南禅寺重阁层廊的存在，近乎被完全遗忘。可以想象江南五山禅寺重层翼廊与山门楼阁组合一体的宏丽雄大，加以其时山门前多置大池，令人联想敦煌壁画中所描绘的西方净土的景象。

南宋江南禅寺中除山门重阁层廊外，也见有层廊与中心佛阁相连者，这种阁道做法，或是其时大刹所多见的形式。天童寺淳熙五年（1178年），"起超诸有阁于卢舍那阁前，复道联属"[五]，即山门内中轴上的两佛阁间以阁道相连，成工字阁的形式；南宋蒋山太平兴国禅寺，"佛殿前大毗卢阁两翼，为行道阁属之殿"[六]，即佛阁两翼设阁道，与左右殿阁相连。

作为比较，中土阁道其上可行，而日本平等院凤凰堂之翼廊上层高度不足以站立行走，或仅仿取中土飞阁造型而已。此外，日本中世禅寺山门阁上层亦甚低矮，山门取重阁形式的主要目的还在于外观宏大，推测宋元江南禅寺山门阁或也与此类似。然由《天童山千佛阁记》可知，天童山门阁上层还是相当宏敞高大的。

二 山门形制

山门之称始于禅寺，而禅寺山门，则源自传统的三门。传统的三门，最先当是指其门排列有三的形式。后又作有引申，形成特殊的象征意义，即以三门寓意三解脱，为登菩提场之必由之门，从而"一门亦呼为三门"[七]。

[一] 明初江南金陵大寺灵谷禅寺两庑，"其壁则绘佛出世住世涅槃及三大士、十六应真华梵神师示现之迹"（《金陵梵刹志·奉敕撰灵谷寺碑》）。此外，明初金陵寺院以及太原崇善寺等明代寺院，其中心区的廊院也见有称作画廊者，应都是回廊壁画的遗意。

[二] 据日本建长二年（1250年）东福寺财产目录（《东福寺文书》）记载：回廊五十二间，东西壁上绘西天二十八祖、震旦六祖、真言八宗、天台六祖行状。

[三] 《东福寺文书》中所记寺之财产目录："楼门：五间四面，二阶，多闻、持国。钟楼、经藏、东西廊：二阶，上层千体释迦"。

[四] 关于嘉泰再建之径山寺，南宋·楼钥《径山兴圣万寿禅寺记》中有详细记载："宝殿中峙，号普光明，长廊楼观，外接三门，门临双径，驾五凤楼九间，奉安五百应真，翼以行道阁，列诸天五十三善知识。"由此可知其山门两廊是重阁层廊的形式。

[五] [南宋] 楼钥：《天童山千佛阁记》，《攻媿集》收。

[六] [元]《至正金陵新志》："佛殿前大毗卢阁两翼，为行道阁属之殿，其余堂庑极雄丽，皆绍兴以来建也"。

[七] [宋]《释氏要览》称："凡寺院有开三门者，只有一门亦呼为三门者何也，佛地论云，大官殿三解脱门为所入处，大官殿喻法空涅槃也。三解脱谓空门、无相门、无作门。今寺院是持戒修道、求至涅人居之，故由三门入也"。又，《禅林象器笺》引《罗湖野录》云："凡置三门者何也，即空、无相、无作三解脱门。今欲登菩提场，必由此门而入。然高低普应，退迩同归。其来入斯门者，先空自心，自心不空，且在门外。"

寺之正门，唐代多称为"三门"，如《寺塔记》、《历代名画记》所记寺院，皆称"三门"。北宋禅寺仍多沿之，《禅苑清规》中即多见"三门"语句。南宋以后山门之称于禅寺趋于普遍，五山十刹图中亦用山门之称，这当与南宋江南禅寺的山地特色以及南宋以后禅寺普遍以山名为号之习相关联。禅寺山门以山号为额的作法，亦始于南宋。

禅寺山门之称，意指山林寺院。自禅宗兴起以来，禅寺即远离市井，营建于山

中，取山号为寺称，且"纵在城市者亦用山号"[一]，禅寺山门之称正源于此。宋时山林禅寺根据对山地寺域范围的界定和空间的引导，山门形式相应的有外山门、中门和正山门之分，俗称头山门、二山门和正门。五山十刹图诸山额集所记山门分类正同此。作为廊院正门者称正山门，也即通常所指的山门。在禅寺构成上，此正山门最为重要，地位特殊，所谓"山门者，一寺之枢要"[二]，甚至有以山门代称全寺者。日本中世禅寺山门亦仿南宋山门之制，外山门为入寺第一道门，以其界定寺院地域，日本京都天龙寺称之为"入法界门"。由外山门所界定的寺域范围相当广阔。

南宋五山大刹寺域，以外山门为界，而外山门与二山门间的山林地带，一般设有引导参道。丛林大刹多有广阔寺域和漫长参道，成为禅寺形态和布局上的一个重要特色。参道著名的如天童、灵隐及国清寺的松道。

南宋天童"四面山皆寺中，山无他樵采者，夹道古松二十里"（《天童寺志》卷二）。天童参道始于称为万松关的外山门，入

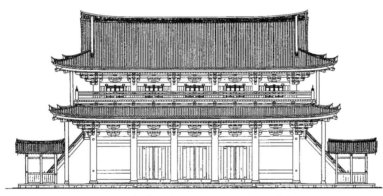

图3　京都东福寺山门正立面（1425年）

图4　京都东福寺山门外观（1425年）

188

寺一路为二十里松夹道，松道尽头引至二山门。五山十刹图所记天童寺伽蓝配置中的万松关，即天童外山门所在位置。

山门、回廊是构成佛寺廊院布局的基本要素。南宋禅寺廊院回廊的一般形式是始自山门左右，向后绕至佛殿两侧。文献所记南宋初天童寺："绍兴四年（1134年），僧宏智拓旧维新，巍其门为杰阁，延袤两庑，万千铜佛列于阁上"（《天童寺志》）。这是对山门回廊形制的很好描述。

明以后禅寺山门制度有较大的改变，多在山门与佛殿间增设门式殿堂金刚殿和天王殿。如明初金陵梵刹及明末高僧隐元所建日本万福寺[三]，苏州虎丘云岩禅寺则以天王殿为寺之二山门[四]。随着建筑组群纵深的加大，中轴建筑形式出现了门与殿相互替代的做法，其中天王殿是最普遍的形式。

宋元禅寺山门以重层形式为特色，山门高阁成为江南禅寺的典型意象。从源流上而言，重层山门是南北朝以后的山门古制，可见之敦煌莫高窟壁画和文献记载中。北魏洛阳永宁寺，四面各开一门，南门楼三重，东西门楼二重[五]；南朝荆州河东寺，"寺开三门，两重七间"[六]；唐泗州普光王寺，"层楼敞其三门"[七]；唐江南禹迹寺，"寺门为大楼"[八]；北宋东京大相国寺，"三门为楼"[九]。由此可见注重寺门形制、崇以楼阁是南北朝至唐宋所通行的做法。

山门作单层形式，虽辽代已有先例[一〇]，然在江南宋元禅宗大刹，山门地位依然显赫，仍以重阁形式为之，且其规模形制也不在前朝之下，或更有过之。关于寺院重层山门，南北朝至唐宋北方多称三门楼，而宋元江南虽也有称楼，如径山寺山门五凤楼，但更多称阁。日本中世禅寺，更将山门直称为三门阁。日本禅寺中现存山门如东福寺山门（1425年）、大德寺山门（1589年）、妙心寺山门（1599年）、南禅寺山门（1628年）等，皆为重阁形式。其中日本京都东福寺山门是中日现存最早的禅寺山门遗构，其对于分析当时禅寺山门形制具有重要的参照意义（图3～图5）。

以楼阁为寺院主体的古制面貌，在江南一直部分地沿袭

[一]《禅林象器笺》云："山门者，山对城市之言，城市俗，山林真，凡兰若反俗居，本宜在山，所谓远离处也。故纵在城市者，亦用山号。夫归向真道者，当由此而入，故言山门也"。

[二] 日本《泉涌寺殿堂房寮色目》。

[三] 据日本万福寺伽蓝配置，其天王殿正介于大雄宝殿与山门之间，山门形式仍是中世山门的典型，重层高耸。由此可见，在伽蓝配置的发展上，天王殿是中轴上山门与大殿间所增设的建筑，加强了中轴的纵深感。

[四] 据《虎丘山志》称，其二山门即为天王殿。

[五]《洛阳伽蓝记》记永宁寺："四面各开一门，南门楼三重，通三道，去地二十丈，形制似今端门，辉赫丽华。拱门有四力士，四狮子，饰以金银，加以宝珠，庄严焕然，世所未闻。东西两门，亦皆如之。所可异者，惟楼二重。北门一道，不施屋，似乌头门"。

[六]《律相感通传》记南朝荆州河东寺，转引自萧默：《敦煌古建筑》，文物出版社，1989年版。

[七] [唐] 李邕：《大唐泗州临淮县普光王寺碑》："层楼敞其三门"，《文苑英华》卷八五八。

[八]《浙江通志》记禹迹寺：大中五年（851年）"复兴此寺，……寺门为大楼，奉五百罗汉，甚壮丽"。

[九]《燕翼贻谋录》记东京大相国寺："至道二年（996年），命重建三门为楼，其上甚雄"。转引自萧默《敦煌古建筑》，文物出版社，1989年版。

[一〇] 在现存实物中，蓟县辽代独乐寺山门为单层山门的最早之例，然此山门原也系重阁，毁后于辽圣宗统和二年（984年）重建，始易阁为平屋。此为中土现存最古老的一座山门，参见梁思成《蓟县独乐寺观音阁山门考》。

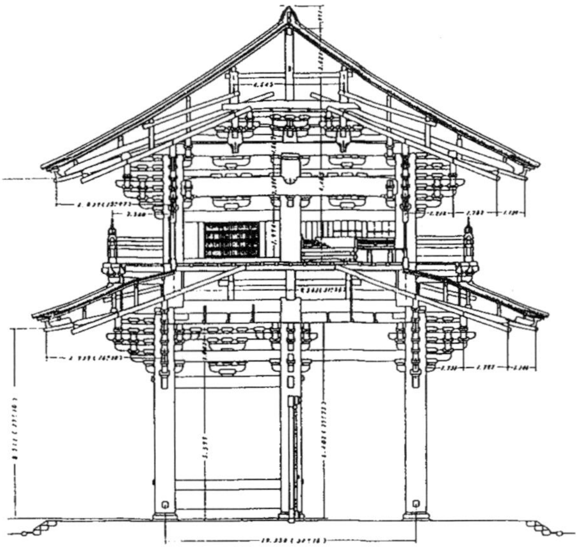

图5　京都东福寺山门剖面（1425年）

至宋元，然已是尾声。明代以后，面貌一改，寺前山门阁解体，重阁山门转而向水平向分化，形成由金刚殿、天王殿、山门所构成的水平向展开的山门组群[一]。

关于山门形制规模，江南中型寺院一般以五间较为普遍，小寺则为三间。日本山门遗构中大寺如东福寺、大德寺、妙心寺、南禅寺山门为五间，其他为三间。而江南五山大刹的山门规模则在五间以上。如天童寺山门七间，径山寺山门九间等。宋元时期禅寺以山门为寺之脸面，极尽宏大壮丽，为其显著特征和时尚。山门形制实际上成为禅寺规模、等级的一个重要标志和象征，从而山门的规模、尺度及装饰都远在寺之中心建筑佛殿和法堂之上，且莫不具有夸耀竞比的特点。宏丽三门阁的意义，主要在于装饰等级上，而非实用功能上。其规模宏敞，唐

宋北方寺院较之亦显逊色[二]。南宋嘉泰元年（1201年）再建的径山寺九间重层五凤楼大山门，可谓山门极致。而南宋绍熙四年（1193年）再建的天童寺七间山门阁亦堪称巨构，"足以弹压山川"[三]，南宋天童寺以此山门阁而闻名。然此天童寺山门阁的规模尚小于五山之首径山寺山门阁两间，由此更可想象径山寺九间山门阁之宏大。至于五山十刹图所记淳祐间（1248年）天童寺山门，虽已非绍熙年间之构，然尚保持着七间的规模，再加上左右连以钟楼、观音阁，仍不失宏大气势。故日僧作五山十刹图时，对天童寺山门尤为关注，专作有大样详图。由其门钉数量和尺寸，亦可想象山门之宏丽壮观[四]。

江南两宋时期，禅寺以山门阁和重层法堂为代表的崇楼杰阁，构成了这一时期江南

寺院的典型意象和重要特色。即在伽蓝布局上，强调以重阁法堂为中心，以山门阁为前导的构成特色，其宏丽高耸的的规模和装饰，显著地区别于明清寺院。追求雄大壮丽的形象，是其时寺院竞造大阁的一个重要原因，山门阁作为寺之脸面，无不竭力而为之。可以想象一下南宋五山之首径山寺的长廊楼观接九间山门五凤楼景象，是何等的宏伟壮丽，绝非后世江南小巧楼阁可比拟。

山门行持与山门供奉也是南宋禅寺山门重要的内容和特色。山门作为禅寺廊院的主入口，具有独特的意义，而成为特定仪式的场所，如新任住持晋山式即行于山门。此外，一般每月一日和十五日于此行罗汉供养仪式，故山门处多设香炉，五山十刹图中具体描绘了金山寺与灵隐寺山门大香炉的形象。

宋时禅寺山门供奉内容主要为罗汉供奉。山门底层一般对置两金刚力士，手持金刚杵，为寺院护法之神。而山门阁上，则多安置供奉罗汉群像。其形式一般是奉祀十六罗汉或五百罗汉像，日本丛林同此。其例如日本东福寺、永平寺山门（图6）。

三门供奉罗汉之制，可上溯至唐代[五]。另据《释氏资鉴》，北宋元丰间相国寺三门阁上，即设有五百罗汉。至南宋时，三门阁上奉安罗汉成

[一] 明代寺院于山门内建金刚殿，塑二密迹金刚力士像，手执金刚杵分立左右，守护寺刹。后将二金刚塑于山门内，不再另设金刚殿。故明以后寺院配置上不见金刚殿之设。

[二] 从壁画来看，唐代寺院三门楼多为三间，似不求面阔间数规模，三间规模或正是三门的初始形制。

[三] 天童山门阁列千佛于其上，故称千佛阁。关于天童千佛阁规模形制，南宋楼钥撰《天童山千佛阁记》所记最详。

[四] 门钉之俗，由来久远，并成为等级及地位的象征和标志。天童寺山门扇图中关于门钉尺寸及排列形式表现得甚详。其门钉长二寸，合6厘米余，钉径二寸五，合8厘米。门钉数甚多，纵二十三路，横列隔路十颗和四颗，为双数（阴数），单扇门钉计164颗。此是南宋大刹山门的形制。从门钉尺寸和数量上推测，此门尺度甚大，规制较高。又，江南门钉配置，采用间隔跳减的形式，宋代见有多例，如天童寺山门、灵隐寺石塔、闸口白塔以及新近出土的五代吴越王墓门等。

[五] 《五代名画补遗》："杨惠之，不知何处人，唐开元中与吴道子同师张僧繇笔迹，号为画友。河南府广爱寺三门上五百罗汉及山亭院楞伽山，皆惠之塑"。

图6　京都东福寺山门上层罗汉群像及低矮空间形式（1425年）

为定制和普遍作法。《禅林象器笺》山门："三门阁上必设十六罗汉像，中安宝冠释迦，以月盖长者、善财童子为挟持，又有安五百罗汉者"。南宋径山寺山门五凤楼亦"奉安五百应真"[一]。宋代禅寺除在山门阁上供奉罗汉像外，又多见专门供奉五百罗汉的罗汉堂或罗汉阁，并一直延续至明清时期。

高耸的山门阁上层，也有观赏全寺及眺望远景的功用。日本法皇即曾登临京都天龙寺山门上层，放眼眺望；日本文献亦有在京都建仁寺山门上层，远眺东山，聚众宴会的记载。为登临山门阁上层，山门两侧设有楼梯，顶上覆以廊屋。明以后禅寺重阁山门演变为单层门殿，形成天王殿和金刚殿的形式，实际上至少元末已见天王殿的雏形[二]。

宋元时期江南寺院山门阁，其构成和造型多用重阁三檐的形式。据文献记载，南宋天童寺山门阁"外檐三，内檐四"（楼钥《天童山千佛阁记》），再由《太白山图》的描绘，则可知其山门也是重阁三檐的形式。这一形式在当时各种重阁建筑上应是相当普遍的做法，宋画中也多有表现。

除图录资料以外，文献中也见有对这一时期江南寺院山门阁结构做法的明确记载，有助于我们认识当时楼阁技术的性质和特点。据南宋楼钥《天童山千佛阁记》，南宋绍熙四年（1193年），虚庵怀敞禅师重建天童寺山门千佛阁，规模宏大："凡为阁七间，高三层，栋横十有四丈，其高十有二丈，深八十四尺，众楹具三十有五尺，外开三门，上为藻井，井而上十有四尺为虎座，大木交贯，坚致壮密，牢不可拔。上层又高七丈，举千佛居之"[三]。文中所谓"虎座"即此山门阁平座，而阁"高三层"，实际上即包括称为"虎座"的平座暗层在内，整体结构应是二明一暗[四]。由此可知，该阁在结构上以平座暗层，作为上下层结构的过渡，其平座"大木交贯，坚致壮密，牢不可拔"，故称"虎座"，足见其时楼阁以平座连接上下层结构的特色。

南宋江南寺院楼阁平座层的存在是无疑的。天童寺山门阁表现了江南大型楼阁的结构做法。

附注：本文为国家自然科学基金项目的子课题论文，项目编号50978051。

[一] [南宋] 楼钥：《径山兴圣万寿禅寺记》。

[二] 宋元时期，禅寺山门供奉以罗汉为主，后世则演变为以天王殿供奉四天王的形式。据《明州阿育王山志》记：阿育王寺"至正二年，重建祖堂、蒙堂，严四天王像于山门。"这已见四天王殿的身影。

[三] [南宋] 楼钥：《攻愧集》收《天童山千佛阁记》。

[四] 自古山门多两层，北魏洛阳永宁寺南门楼三层。南宋虽五山大刹也不例外，皆是二层，天童寺宏大山门虽称三层，其实是二明层间以一暗层。

「历史村镇」

陆

【"花、酒、景、人、诗"】

——杏花村的文化空间解析[一]

雷冬霞·上海建科结构新技术工程有限公司

李　祯·同济大学建筑与城市规划学院

摘　要：本文探讨了杏花村的历史景观的构成要素，分析了"花、酒、景、人、诗"等自然和人文特征对成就杏花村"千年名村"的影响和作用，指出了古代杏花村的文化空间特征，旨在对杏花村及类似古村落的保护和发展提供借鉴和指导。

关键词：解析　杏花古村　人文特征

[一] 国家科技支撑计划重大项目，编号：2008BAJ08B04。

"清明时节雨纷纷，路上行人欲断魂。借问酒家何处有？牧童遥指杏花村。"晚唐诗人杜牧的一首《清明》诗，使一个江南古村——杏花村名传千古！

诗人笔下的杏花村，位于池州（原贵池县）西南。据《广舆记》载："池州古迹曰'杏花村'，在府城秀山门外。杜牧诗'遥指杏花村'即此。"杏花村北依钵顶山、湖山、虎山，东接齐山，南望方罗山，西有耀龙山；长江、白沙湖、落南湖、秋浦河环列四周，白洋河贯村而过，是典型的江南水乡。据研究，杏花村形成于汉晋或更早，元明最盛时方圆十数里。历经战乱与动荡，杏花村容貌早失，盛景业已不在。然而，从残缺的自然景观、丰富的人文遗存里，依然能让人读出古杏花村的兴衰。

一　花——杏花村得名之源

杏花村自古植杏。清康熙十四年（1675年）时任池州府同知，并摄东流、贵池两县县令的周疆有《募杏花村种杏树檄》一文传世。因而，杏花村多杏树。相传盛时杏花村有杏林百余亩，老杏万余株，漫山遍野，连绵十余里，绚烂迷观，堪称盛景。据《安徽风物志》记载，春来杏花竞放，艳如锦云。正如明朝诗人沈昌《杏花村》所咏："杏花枝上著春风，十里烟村一色红"。村里村外，杏树有的三五相间，有的百株成林；小小的杏树，顶三五朵花，像头戴鲜花亭亭玉立的少女；两人合抱粗的老杏树，花开满枝头，像一位满头白发饱经沧桑的老妇。微风吹过，几里之外，清香扑鼻；杏林之下，落花如雪。清明前后，杏花盛开，小雨霏霏，朋友三五相约，全家几代同行，主人奴仆相伴，大街小巷，人头攒动，男的女的老的少的，村里的村外的南来的北往的，骑马的赶车的坐轿的步行的，穿着红的黄的绿的白的衣，举着大的小的油纸的绸布的伞，争相观赏，盛况空前。因此，杏花村因花得名，虽系文字考证，现实中也是顺理成章之事。

二 酒——杏花村有名之本

杏花村是美酒之乡。水甜谷香，气候温润，得天独厚的自然条件，使杏花村很早就成为的酿酒盛地。隋唐时村内已有酒肆十数家，许多人以酒为业，所产"杏花大麹"在皖南一带小有名气。唐会昌年间，有名黄广润者，在村内开设酒号，生意极为兴隆；因店内有井，水似甘泉，汲之不竭，被誉为"黄公广润玉泉"。用此水酿成的酒，色清透明，醇厚可口，为时人所争饮。据《安徽风物志》记载，"……村中有黄公酒炉，自酿美酒，以飨客商，因此酒甘醇而远近驰名。自杜牧《清明》诗'遥指'后，引来无数商贾游人，或酿、或卖、或藏、或贩、或品、或饮，一时村内酒店如市，沽酒者如织，杏花村也名声大噪"。曾任池州太守的杜牧《杏花村》诗曾有"偷得余闲在，官钱

换酒卮。"之句，可见当时盛景。即使今日，杏花村"极品杏村老窖"、"精品杏材老窖"、"杏花情"等酒，用杏花村古井之水和传统工艺酿造，闻之清香醇和，观之明丽透澈，品之回味甜绵，遐迩闻名。正是杏花村酒业兴旺，才会有杜翁的"牧童遥指"。

三 诗——杏花村出名之因

杏花村是"千载诗人地"。池州地处吴头楚尾，北濒大江，南连九华，是山川秀美，风景如画的胜境。景因诗文名，迹以人物重。晋唐以来，陶渊明、李白、苏东坡等历代文人墨客、仕宦贤人纷至沓来，访古探幽、饮酒赋诗，留下了无以数计的佳作。自杜牧后，晚唐杜荀鹤、罗隐、南唐伍乔、宋梅尧臣、黄庭坚、朱熹、曹天祐、明佘翘、顾元镜、吴应箕和清吴襄、袁枚等名家，在杏花村吟诗作赋，有的怀古、有的颂今，有的舒情、有的写意，留下许多珍贵的佳作名句。尤其是杜公的千古绝唱《清明》诗，对杏花村名扬九州产生了很大影响。《杏花村志》卷之五至八中，就收有自杜牧之后至康熙年间的数百人诗作。2002年出版的《千古杏花村》书中，共收有317位古代文人所作的诗词歌赋共798首（篇），其中标题点明"杏花村"的就有234首（篇），详见表1。杏花村谓之"天下第一诗村"名符其实，杏花村也因诗名播天下，永载青史。

表1 题咏杏花村诗词歌赋统计表

序 号	作 者	年 代	诗词歌赋名	题咏处所
1	杜 牧	唐	《清明》、《杏园》、《上林一首》	杏花村、西庙
2	杜荀鹤	唐	《溪岸秋思》、《闲居书事》、《和友人见题山居水阁八韵》、《山居寄同志》、《赠湖上渔家》	杜坞、杜坞别业、杜湖
3	罗 隐	唐	《文孝庙》、《文选阁》、《秋浦》、《贵池晓望》	文孝庙、文选阁、秋浦
4	伍 乔	唐	《游郭西西禅院》	郭西西禅院
5	潘 阆	唐	《夏日宿西禅院》	郭西西禅院
6	梅尧臣	北宋	《西禅院竹》	郭西西禅院
7	杨 振	北宋	《乾明寺前古松》	乾明寺
8	李 荐	北宋	《文选阁》	文选阁
9	汪远犹	北宋	《昭明庙》	昭明庙
10	黄庭坚	北宋	《贵池》	贵池
11	陈舜俞	北宋	《秋浦亭》	秋浦亭
12	朱 熹	南宋	《九日登湖山用杜牧登高韵，得"归"字》	湖山
13	曾 极	南宋	《文孝庙》	文孝庙
14	周必大	南宋	《过池阳赋诗》	贵池
15	华 岳	南宋	《贵池秋晚》	贵池
16	喻良能	南宋	《展敬文孝庙二首》	文孝庙
17	赵 葵	南宋	《秋浦楼》	秋浦楼
18	贡 奎	元	《铁佛寺》	铁佛寺
19	曹天祐	元	《秋浦宛似潇湘洞庭图》	秋浦
20	陶 安	元	《秋浦西郊》	秋浦
21	曹天祐	元	《杏花村》	杏花村
22	沈 通	明	《题友人西郊书屋》	杏花村
23	张思曾	明	《罢官归里经杏花村故居》	杏花村
24	丁绍轼	明	《刘廷尉同齐山人过小园投诗赋答》	杏花村
25	顾元镜	明	《杏花村》、《晚过秋浦》	杏花村、秋浦
26	林古度	明	《杏花村》、《文选楼》	杏花村、文选阁
27	李 盘	明	《寻杏花村》、《杜坞山怀杜牧之》、平天湖》	杏花村、平天湖、杜坞

197

198

序　号	作　者	年　代	诗词歌赋名	题咏处所
28	李得春	明	《刘观明前辈招饮杏花村》	杏花村
29	许承钦	明	《杏花村》	杏花村
30	沈昌	明	《杏花村》、《杜坞》、《铁佛寺》、《三圣庵》、《栖云庵》、《秀山驿》、《题贡院》	杏花村、杜坞、铁佛寺、三圣庵、栖云庵、秀山驿、贡院
31	吴非	明	《西郊和刘征君韵四首》、《步出城西门》、《杏花村怀古》、《杏花村小集和蒋犀影韵》、《以杏花村图香筒贻赵客诗为之膳》、《杏村独吟像赞》、西郊即事得"梁"字十韵》、《昭明庙》、《杜坞夜行船》、《舟夜抵杜坞》、《杜湖携儿侄辈舟行抵汇寄赵客十四韵》、《杜湖舟中》、《谒铁佛》、《湖山》、杏村友人招游江祖石，以平桥阻舟还，集三台，共用"船"字》、《栖云庵》、《题自西草堂》、《华严庵》、《吊丁相国园林》、《同赵客过湖山堂为廷御留题》、《西湘踏青》、《西湘桥》、《秋日吴非、吴德奎、吴德照、郎遂集杏花村，登钵顶山，以僧舍题额"清凉别境"四字分韵，限五言古（得"清"字）》	杏花村、杜坞、杜湖、铁佛寺、湖山、芙蓉岭、栖云庵、息园、华严庵、丁家别业、湖山堂、西湘、西湘桥、清凉境
32	戴易	明	《杏花村》	杏花村
33	郎垣	明	《杜湖赠钓者》	杜湖
34	陈常	明	杏花村传于吕纯阳及杜牧之《清明》诗，至明踩蹭殆尽，名存而迹废。太守顾公元镜重修，植桃杏数百株，台谢峻敞，未几而又废矣。因赋二十六韵志感》、《题也罢了庵》、《题紫石碑》	杏花村、也罢了庵、紫石碑
35	释祖灿	明	《杏花村》	杏花村
36	孙昌	明	《答友人过访草堂不值》、《喜西樵见过草堂》、《晚秋同友人过访回澜庵》、《春日过回澜庵晤陶质也》、《回澜庵访诗僧赤霞不值》、《访乘云斋主人不值》	杜坞草堂、回澜庵、乘云斋
37	吴应其	明	《杜湖》、《题丁太史林亭》、《饮丁介之园中次韵》	杜湖、丁家别业

序 号	作 者	年 代	诗词歌赋名	题咏处所
38	徐绅	明	《谒昭明词》	昭明庙
39	佘翘	明	《夜过杜坞》、《湖山》、《题李茂才湖山别业》	杜坞、湖山、湖山别业
40	周蔚	明	《杜坞怀古》、《文选楼》、《乾明寺》	杜坞、文选阁、铁佛寺
41	孙仁	明	《杜坞山夕照》	杜坞
42	镏岐	明	《杜坞》	杜坞
43	王良相	明	《重阳前一日同王无枝．鲍晋公元礼、许季清、李学醇登高小憩华严庵》	
44	徐咸	明	《秋浦》	秋浦
45	吴德照	明	《九日登湖山赋》、《秋日吴非、吴德奎、吴德照、郎遂集杏花村,登钵顶山,以僧舍题额"清凉别境"四字分韵,限五言古（得"别"字）》	湖山、清凉境
46	吴德奎	明	《秋日吴非、吴德奎、吴德照、郎遂集杏花村,登钵顶山,以僧舍题额"清凉别境"四字分韵,限五育古（得"凉"字）》	清凉境
47	王良相	明	《虎山晚眺》	虎山
48	郎奎正	明	《湖山书屋闻杜鹃》、《泛平天湖追忆康虞小阮》	湖山别业、平天湖
49	胡永顺	明	《题铁佛》	铁佛寺
50	刘光谟	明	《乾明寺僧房次余燕南孝廉韵》	铁佛寺
51	方元美	明	《过杏花村谒铁佛听诸比丘谈经》、《湖山望九华寄吴宽生》	铁佛寺、湖山
52	陈生	明	游古杏花村兼过铁佛寺》、《雨中经杏花村问黄公故迹》	铁佛寺、黄公酒垆
53	方叔邵	明	《同汪孝廉游西郊留题铁佛寺》	铁佛寺
54	阮裕	明	《游乾明寺题壁》	铁佛寺
55	陶通	明	《乾明寺》	铁佛寺
56	吴光锡	明	《九日湖山登高因遍游诸庵》	湖山
57	刘始菖	明	《登湖山思家》	湖山
58	陈肇曾	明	《九日湖山登高历游西郊诸胜》	湖山

199

序 号	作者	年 代	诗词歌赋名	题咏处所
59	程梧	明	《九日湖山》	湖山
60	吴应其	明	《登湖山顶》	湖山
61	丁绍轼	明	《永怀堂歌	永怀堂
62	黄尊素	明	《平天湖望蓼花》	平天湖
63	李达	明	《丁家别业》	丁家别业
64	吴光裕	明	《窥园行赠董元为》、重阳前一日同王无枝、鲍晋公元礼、许季清、李学醇登高小憩华严庵》	窥园、华严庵
65	胡永顺	明	《昭明庙》	昭明庙
66	王命策	明	《题昭明庙》	昭明庙
67	黄尊素	明	《周玉汝年兄招游西郊及梁昭明庙六韵》	昭明庙
68	李学允	明	《西庙》	西庙
69	郎才	明	《过虎山净林听子规》	净林
70	刘始菖	明	《昭明庙》	昭明庙
71	方文	明	《西庙留题》	西庙
72	孙象壮	明	《秋浦亭》	秋浦亭
73	李旸	明	《客有怀黄公酒垆》	黄公酒垆
74	姜烈	明	《访黄公酒垆》	黄公酒垆
75	陈忠	明	《文选台诗》	文选阁
76	吴彦	明	《杏花村有感》	杏花村
77	陈肇曾	明	《秋浦杂纪之二》	杏花村
78	刘城	明	《杏花村》、《西郊四首》、《寒食出西郊取径昭明庙历乾明寺归》、《昭明庙》	杏花村、昭明庙
79	董三彝	清	《杏花村即事次韵》、《杏花村次韵》	杏花村
80	释悟明	清	《杏花村》、《钓桥晚眺》	杏花村、钓桥
81	陈其勋	清	《杜湖》	杜湖
82	曹继参	清	《秋日杏花村十韵》	杏花村
83	吴参	清	《杏花村即事次韵》	杏花村
84	章习	清	《杏花村即事次韵》	杏花村
85	陈弘	清	《杏花村即事次韵》	杏花村
86	尤侗	清	《杏花村》	杏花村

序 号	作 者	年 代	诗词歌赋名	题咏处所
87	郎 遂	清	《杏花村怀古》、《杜坞访赤霞上人》、《杜坞杜荀鹤别业》、《题渔人湖上读书处》、《杜湖泛舟》、《同鹤问师乾明寺即席限韵》、《携儿登钵顶山》、《登虎山访竺压上人便过族祖国宾公墓陇》、《秋浦楼景似潇湘赋》、《平大湖泛舟分三五七言体》、《步杏花亭有怀皖江周郡伯》、《吊杏花亭》、《题元臣叔祖怀社轩用拟购别业原韵》、《焕园（原倡）》、《吊窥园》、《游湖山饮净林庵树下，同诸子（吴绮、宗巨源）分韵》、《过相国园林废迹》、《题湖山堂》、《秋日吴非、吴德奎、吴德照、郎遂集杏花村，登钵顶山，以僧舍题额"清凉别境"四字分韵，限五言古（得"境"字）》	杏花村、杜坞、杜坞别业、杜坞草堂、杜湖、铁佛寺、钵顶山、虎山、秋浦楼、平天湖、杏花亭、怀杜轩、焕园、窥园、净林、丁家别业、湖山堂、清凉境
88	华 黄	清	《杜坞》、《杜坞怀古》	杜坞
89	钱又选	清	《游杏花村长歌》、《杜湖舟中》、《次孔振声韵忆陆肪》、《湖上酒社》	杏花村、平天湖、杜湖、陆肪
90	陈锦寰	清	《同汪甥嗣欲读书自西草堂》、《息园春霁》	息园
91	吴梦虎	清	《昭明庙》	昭明庙
92	吴寿潜	清	《游净林》	净林
93	刘廷沃	清	《西隐庵》、《游回澜庵即事》、《喜宁蝈过乘云斋》	华严庵、回澜庵、乘云斋
94	宁淇斐	清	《华严庵》	华严庵

四 人——杏花村传名之媒

　　杏花村是聚人之地。与池州有关的名人，最早的要数北朝时梁国太子、文学家诗人萧统。天监年间，石城县（今贵池区古称）大旱，萧统曾来赈灾，池人视为保护神。他去世后，池人为其建衣冠冢、昭明庙、文选楼；将牯牛石改为"昭明钓台"，将秋浦县改为"贵池县"。最有影响的要数曾任池州刺史、官至中书舍人的杜牧。他是我国古代诗坛上颇负盛名、才华横溢、热情爱国的杰出诗人，他的诗歌清新俊爽、"雄姿英发"，独树一帜，有"小李杜"之美称。还有诸多名人如韩当、黄盖、包拯都曾任过池州地方官。更有前述的陶渊明、李白、苏东坡、司马光、王安石等文学巨匠游历于斯、吟哦于斯；后世的黄宾虹、张大千、刘海粟、李可染等画坛巨擘挥毫于斯、泼墨于斯。历代寻访杏花村的王公贵胄、文人墨客，更是数不胜数。而且，生长在池州的名人也为数不少。吴侬软语、三楚情思、中原雄风在这里融汇流转，孕育了一代代池州文人骚客、俊才名流。杜荀鹤、伍乔、丁绍轼、吴应箕、郎遂等，是杰出的代表。杏花村也是因这些名人推波助澜而驰名海内外（表2）。

表2　池州籍名人录

序号	姓名 （字号）	年代	籍贯	身份	主要历史事件
1	杜荀鹤 字彦之 自号"九华山人"	唐	石埭 （今池州石台县）	翰林学士 晚唐著名隐士、诗人	诗风自成一家，世称"晚唐格"。现存诗300首，有自编《唐风集》三卷传世
2	伍乔	唐	秋浦 （贵池）	歙州通判，寻召为考功郎 南唐诗人	博学多才，其诗歌在当时就喻为"瘦童"、"羸马"
3	华岳 字子西 号翠微	南宋	贵池齐山	南宋武状元，任殿前司，史称"岳帅"	因弹劾平原郡王韩侂胄等好佞重臣入狱，直到韩奸被杀方获释；又密谋除奸相史弥远奸，败露下狱，被乱棍打死。著有《翠微南征录》、《翠微北征录》
4	曹天祐 字宁一	元	贵池驾乡	荣阳县令 明代诗人	
5	沈昌 号野航	明	贵池弯乡	明代诗人	著有《池阳怀古》诗，合前后两集，共200首。杏花村名胜，俱有题咏
6	徐绅 字五台	明	池州建德	官至都御史 明代诗人	
7	张思曾 字对华	明	池州青阳	官鲁山县令 明代诗人	

序号	姓 名 （字 号）	年 代	籍 贯	身 份	主要历史事件
8	丁绍轼 字文远 号默存	明	贵池	户部尚书、武英殿大学士，拜相 明代诗人	绍轼性谨密，在乡党修堤、筑墩，建浮屠，三固水口，立会庄田。以赡给后学，为同乡刘光复御史平冤，政绩斐然
9	王命策	明	池州建德	明代诗人	
10	刘光谟 字观明	明	贵池	浙江处州府通判	多惠政。监造漕艘于杭州，摧广西养利州太守，直到告老归乡
11	吴光裕 字少友	明	池州青阳	明代诗人	善诗赋，精六书，工大篆小楷，八分文翰并妍。著有《离骚副墨》、《申椒园集饮》和《社草》诸书
12	吴光锡	明	池州青阳	明代诗人	颇能饮酒，自号"酿王"。最工篆刻。游罗浮、游茗雪，以藻采闻名于时
13	王良相	明	池州青阳	明代诗人	
14	郎 汉 字天章	明	池州 杏花村	官江西都司经历，封承德郎	
15	郎 才 字文玉	明	池州 杏花村	明代诗人	著有《浙游草藏意家》
16	陈 常 字时夏	明	贵池	明代诗人	遗稿《鸑鸣集》
17	孙象壮 字子缀	明	池州青阳	明代诗人	
18	吴 彦 字未长	明	池州高田	明代诗人	著有《竹生诗》，为温陵黄虞稷选入《建初集》中
19	江 杏 字三玄	明	池州建德	明代诗人	
20	李 达 字行季	明	池州恭川	明代诗人	

序号	姓 名 (字 号)	年 代	籍 贯	身 份	主要历史事件
21	孙 昌 一名登孙 字啸啸、登啸	明	贵池 杏花村	明代诗人	
22	吴应箕 字风之、次尾 号楼山	明	贵池兴孝	明末抗清志士、 政治家、文学家	主张抗清，被誉为"秀才领袖"，著作甚丰，有《熹朝忠节传人《两朝剥复录入（读书鉴）》、《读书种子》、《复社姓氏录》、《宋史》、《盛事集》、《楼山堂集》等
23	刘 城 字伯宗，改字 存宗	明	贵池	先后任民牧荐城，考授知州明末著名隐士、诗人	著有《峰桐集》
24	吴 非 原名应筵 字山宾	明末清初	池州高田	明末清初文学家、诗人	吴非博览史书、山经、地志、齐谐、稗乘，工铁笔，兼善画，每闻佳山水，裹粮往游，带上镌刻工具，在悬崖划石留名，搂诗而去。曾被安徽巡抚、湖广总督喻成龙（武功）聘修《江南通志》，一生著作甚丰，著有《二十一史异同考》、《三唐编年》等
25	吴德奎	明末清初	贵池	明末清初诗人	
26	郎 遂 字赵客 号杏村， 别号西樵子	清	贵池 杏花村	文学家、诗人	历时十一载撰修《杏花村志十二卷》被收入钦定《四库全书》。著有《池阳韵纪》十六卷、齐山纪略八卷
27	吴德照 字惟邻	清	贵池	清代诗人	性孝友，工诗文。著有《翠微山人集》
28	刘廷銮 字德舆、 舆父、城子 号梅根	清	贵池	清代诗人	诗文伟丽，为其时推崇。著有《唐池上诗人》八卷、《诗颠》八卷、《九华散录》、《梅根集》、《贵池掌故》、《明诗尔雅》、《贵池县志略》等，达数百卷

五 景——杏花村留名之根

杏花村美景如画。齐山貌似伏虎，首东尾北。遍山岩、洞、石壑、泉、峡，密集丛生，形成幽深奇特，琳琅纷繁的岩溶景观。山上怪石嶙峋，洞穴深邃，景象奇异。三台山松林葱郁，翠竹森森，夕阳辉照，三峰染彩。平天湖、杜湖碧波浩渺、水如白练。随着人们对此湖光山色渐知，慕名前来者渐多，人文景观也渐增。自杜牧题诗出名后，游客像潮水般涌来，景观如雨后春笋般剧增，大尹李歧阳题写的"杜刺史行春处"六字碑；明郡丞张邦教所建，太守顾元镜重修的六角杏花亭；清知府李晖建造的杜公祠，杏花村坊、秋浦亭、陆舫、湖山别业、杜坞草堂、乾明寺、回澜庵、净林、也罢了庵、宋贡院、圣母桥等也相继问世，以杏花村为中心的"三台夕照、黄公酒垆、铁佛禅寺、栖云松月、西湘烟雨、茶田麦浪、昭明书院、杜坞渔歌、白浦荷风、平江春涨、桑柘丹枫、梅州晓雪"十二著名景点逐步形成，至清代清康熙年间已有名胜15处、建置35处、古迹25处（表3）。杏花村已形成了方圆十余里古色古香、景色如画、蜚声四海的名胜古迹风景区。这些景，每一处都有个动人的故事，每一处都记录着杏花村的兴衰变迁，是其留名之根。

六 小 结

花、酒、景、人、诗，看似平常元素，但在杏花村集聚、融合后，构成为一幅色彩靓丽、和谐自然的水墨丹青。为这幅画，有多少代人呕心沥血，自如挥洒；也有多少人魂牵梦绕，苦苦追寻。孤立地看，杏花村自然环境特点并不明显，花好也不常开，酒香也不够名，景美也算不上奇；历史地看，杏花村地处皖中腹地，交通不够发达，信息不够灵便。但"花、酒、景、诗、人"在这里集聚、融合，互为依存，互相促进，成就了这个江南小村名满四海，繁荣千年。这在中国历史上确是个奇迹。由此看来，《杏花村志》能被收入《四库全书》，自然在情理之中。

历史上的杏花村已经不存在了，留下的是非常有限的物质文化遗产和丰富的非物质文化遗产。由"花、酒、诗、人、景"构成的文化空间，也多半成为一种情境，是当代池州人津津乐道的话题和不懈追求的理想。如今，

表3 杏花村历史建筑一览表

类 型	村 中	村 南	村 北	村 东	村 西	备 注
标志建筑	杏花村坊、昭德坊		桑柘门	秋浦楼、兴贤坊、秀山驿	独柱坊	秀山驿亦名马站坡
休憩小品	杏花亭、秋浦亭、陆舫、净林、怀杜轩			半亩园、如剡亭		
居住建筑	湖山别业、窥园、焕园、			永怀堂	杜邬庄、杜邬草堂	永怀堂丁亦名相国园林
文化建筑	乘云斋			宋贡院、湖山楼	文选阁、丽景楼	乘云斋湖山堂
宗教建筑	三圣庵、栖云庵、关帝庙、乾明寺、郭西禅院、光孝寺	萃月庵	华严庵、三台庵、也罢了庵	社稷坛	梁昭明庙、回澜庵、水神庙、河泊所	梁昭明即西庙、文孝庙,华严庵亦名西隐庵,萃月庵也称俞家庵
军事建筑	演武场					
商业建筑	黄公酒庐					
桥 梁	圣母桥			钓 桥		
园林景观					花 园	

"东湖西村"(湖,指池州城东的平天湖;村,即池州城西的杏花村)已经成为池州旅游和生态城市发展的方向和目标,杏花村的复建呼声也一浪高过一浪。事实上,这个历史古村本身的恢复,本身并无多大的必要;但是它展现的人文情怀和山水画境,却是今天可持续城市发展的起码的尺度准则。因此,认真解读这种文化空间展现的历史情境,辩证地看待和研究历史,正确地保护好仅存的文化遗产,合理吸收古人对待聚居的理性经验,研究它对当前秀山门外一带发展的指导性和借鉴性,瞻前而顾后地对待现实中的一草一木,实现当代杏花村的生态再生和复兴,是当下池州城市发展中的重要课题和紧迫任务,也是规划师、建筑师努力的方向所在。

参考文献

[一]《天一阁藏明代方志选刊》,《池州府志》。

[二] 贵池市政协文史委员会编:《贵池文史资料》第五辑。

[三] 丁育民、张本健主编:《千古杏花村》,黄山书社,2002年版。

[四] [清] 陆延龄:《贵池县志》。

[五] [清] 郎遂:《杏花村志》。

[六] 贵池市地方志编纂委员会:《贵池县志》。

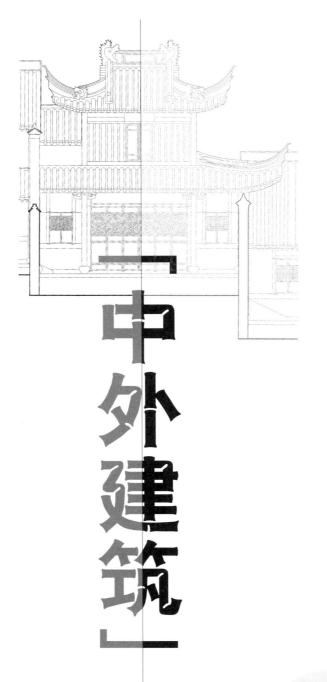

「中外建筑」

柒

【中日古建筑石造物调研经过及其意义】

山川均·日本奈良县大和郡山市教育委员会

摘　要：日本奈良东大寺大佛殿和南大门的建造，由中国南宋时代日本重源和尚入宋，邀请了明州工匠协助建造，其中尤以石造物石狮子等为代表。经查找史籍和实地考查，由重源和尚与明州陈和卿、伊行末等用明州运来梅园石雕刻，且与宁波东钱湖南宋石刻遗存有关。

关键词：日本奈良东大寺　南大门　石狮子　重源上人　明州石匠伊行末

自2006年以来，日本山川均先生先后在本国和中国的不少古代建筑与石刻遗存做过多次考查，其中特别对浙东与日本石造物的渊源与交流作了更多研究。本文是山川先生2010年在日本"中日石造物研讨会"上的调研报告，仅供研究指教。

一　从奈良东大寺南大门石狮子说起

日本古都奈良是公元710～794年期间的日本国都，原称平城京，史称"奈良时代"或"南都"。公元743年圣武天皇建造了东大寺，公元754年元中国鉴真和尚在东大寺为圣武天皇受戒。在南宋时代，东大寺因战火被毁，由重源和尚到明州请来大工陈和卿等七位匠师重建东大寺，其中南大门和石狮子是公元1184～1199年期间建造留下的遗物，高、深、宽各达30米（图1-1、图1-2）。

东大寺的一对石狮子在南大门的北边耳房，中间为进入大佛殿的过道，左右有日本雕刻家运庆作《仁王像》。靠东的石狮子为雄性，靠西的为雌性，有明显的特征。东边的雄性石狮本体高达1.8米，而雌性为1.6米，东西二石狮子的基座各高1.4米，总高达3米，更显雄伟，因此在中国称为"座狮"，或带基座的"蹲狮"）。两头狮子的胸部饰以铃带，台基束腰配饰狮子戏球、绶带及高浮雕牡丹、开花莲、飞天女、卧鹿等图样，束腰上下刻有仰莲和复莲图案，下层的台基雕满地云纹（图2）。

图1-1　东大寺南大门

图1-2　东大寺石狮

210

图2　石狮子基座

图4　宁波阿育王寺舍利殿

据日本《东大寺造立供养记》所载，"建久七年（1196年），宋人石工六郎四人造立。本置于中门，又造大佛殿内大佛胁侍石像（观音、虚空藏）四大天王等。"日本永禄十年（1567年）松久永秀夜袭东大寺时烧毁。由于日本石材不宜雕造，故从中国输入石材（图3）。

二　重源上人重建东大寺

日本治承四年（1180年）12月，日本将军平重衡战火烧到"南都"奈良，圣武天皇发愿建造的宏伟的大佛殿化为焦土。翌年8月东大寺总管得到复兴的旨意，委派了俊乘房重源（1121～1206年）担当重任，并需雕刻一对石狮子。

由于东大寺作为护持国家安宁的"国寺"，重源上人担任总指挥（大劝进）要职，他首先进行募捐活动及物色工匠，包括建筑师、雕刻师、铸造师等人选，最后确定东渡中国邀请。

据历史记载，重源上人曾三次往返东渡

中国，当时还是一位没有名气的僧官。其中最为明确的记载是与日本临济宗始祖荣西禅师一起于日本仁安二年（1167年），东渡中国朝拜五台山。然而到了明州后知道五台山由于已属金国，取消了朝拜，就在浙江朝拜了天台山和天童山、阿育王山。特别是在明州阿育王寺结识了一批建寺造佛的优秀匠师（图4）。

三　明州石匠伊行末与留在日本石造物

据日本有关的史料记载，南都附近石造物（石像、石狮、石灯、石塔、石座）的造立由“宋人六郎”参与。这位“六郎”是中国当时姓氏辈分的俗称，而实际的本名和“字”判明应为“伊行末”。因为奈良县宇陀市大藏层塔的题记中刻有“延应二年”（1140年）、“大唐铭州（明州）伊行末”，“铭州”即今之宁波市。此外，奈良般若寺十三重石塔也刻有“弘长元年（1161年）行末一周忌子行吉进立……伊行末明州住人……”的铭文，可见伊行末及其子都系明州出身是可以确定的。而又据近几年在中国考查，宁波保存的大量优秀的南宋时代石刻证明了明州当时的石工技艺精良，工匠众多，伊氏是其中一位良匠，在东大寺重建之前已留在日本或由重源招募到日本都是可能的（图5）。

東大寺造立供養記

建久七年。中門石獅々（子歟）。堂内石脇士。同四天像。宋人字六郎等四人造之。若日本國石難造。遣價直於大唐所買來也。運賃雜用等凡三千餘石也。惣年來大事。人畜盡力。水陸積功。十有餘年之功勞。未曾有之次第也。唇穿齒落。不可具言矣。上人之德不限今度。壯年當初入唐三度。大宋國育王山舍利殿二階三閣之精舍也。其寂中一間弘三丈也。精舍之勢分以此可察也。而破壞年久。營作失便。於是上人運我朝之大材。以訪大唐之造寺。渡萬里之蒼波。以成希代大願。故大唐造上人像。安先德之列座。圖和尚影。爲後代之證驗。因茲綾羅錦繡之奉加。甲冑弓箭之助成。乃至牛馬雜物之類。併出和尚之聖德也。如此等之施物過二ヶ國之所當也。

图3　日本文献史料

图5　日本奈良明州伊行末造般若寺塔

四　重源上人与明州（宁波）之缘

日本重源渡宋正式记载是仁安二年（1167年）。重源与荣西同登天台山朝拜有名的五百一十八罗汉现身的石梁瀑布，然后又到了明州郊外的阿育王寺参拜。重源见阿育王寺舍利殿荒废，发心修缮，终于在建久七年（1196年），将东大寺管理的周防国（山口县）木材运到了明州修造了舍利殿。阿育王寺为感谢他，将重源像与开山祖师像共同供祀（据《东大寺造立供养记》）。

重源在明州滞留期间，可能做宾客于南宋丞相府，重

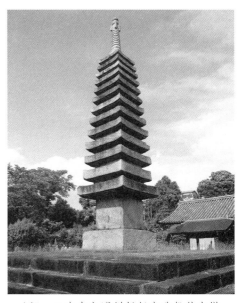

源访察过东钱湖区域不少石刻。东钱湖与天童寺和阿育王寺相近，笔者认为这为重源在明州招募石工提供了可能性（图6）。

五　明州石工与东大寺的复兴

自重源上人担当东大寺复兴的最高总管之后，鉴于他与明州佛教、明州政界和建寺造佛工匠结识之缘，始从明州大规模引进技术、样式和人才。其中最典型的是南大门的"大佛样"的建筑样式。这类佛寺的样式

图6　日本石刻专家考察东钱湖石刻

图7　日本奈良东大寺大佛殿

当时分布在浙江省和福建省为主，也包括了大佛的制作敬造技艺。如著名的明州大工陈和卿等在东大寺指导与日本造佛师共同铸造高18米的卢舍那大铜佛和高30余米的东大寺大佛殿，在奈良形成了典型的"宋风"样式（图7）。

重源上人有目的地引进宋代技艺和大工，文献有"宋人六郎四人"的记载，而实际上中国输入巨额的石材和大量技术难以统计。同样，重源运送日本大木协助重建明州阿育王寺舍利殿，也表明重源对中国建寺造佛技艺的熟悉和交流的密切。

笔者认为，宁波东钱湖周边大批石像生的兴造，多属于当时南宋丞相史浩及其子孙和族裔。重源与史氏家族上层人物的接触，与当地石工的结识，才能成功招聘到优秀石工到东大寺雕造作品。现存东钱湖南宋石刻盛期的周惠墓前（译者注：南宋丞相史弥远的生母）的石像生与已毁失的奈良东大寺四大王石像在风格上酷似，雕技艺、石料和风貌基本上一致（图8）。

六　东大寺石刻石材的研究

对于日本奈良东大寺遗存的南大门石狮子、四大王石座等石材的研究，以及近年来在日本和宁波的多次实地考证，基本上已形成共识，即东大寺宋人六郎的作品与东钱湖南宋石刻盛期（1192～1233年）都采用了产于宁波西乡的梅园石。

宁波西郊的梅园村出产的梅园石属凝灰岩质，岩质细腻，与日本有区别。有利于立体

图9　鄞州梅园石开采现场

图10　日本东大寺南大门石狮子与鄞州
梅园石岩质比较

的、写实的雕刻，色调有淡褐色，也有呈绿灰色，至今还在开采（图9）。

东大寺石狮子经八百余年的历史变迁，表面风化严重，整体的石色灰暗，但主要质感与梅园石酷似，已由研究专家会同专题考察、评价和鉴定，由服部氏作的研究报告已发表（图10）。

七　东大寺石狮子的风貌研究和考证

由于东大寺石狮子建立的时期相当于中国南宋盛期，又是出自宁波（明州）石匠之手，为此我们在宁波考查了南宋及之前的石造物和风貌，远及河南巩义市北宋陵墓石狮子的风貌，并加以比较。

经考查，宁波东钱湖南宋石刻最早的史诏墓前石刻建造于南宋早期（1129年），虽墓前不设石狮子，但采用的石质都没有使用梅园石，雕刻较为粗放简洁。而宁波周边尚未发现南宋之前的造物狮子（图11）。

在河南考证的宋太祖第七代宋哲宗墓前石刻很有规模，墓区东西南

图8
宁波东钱湖南宋周惠墓刻

图11　宁波鄞州东钱湖史诏墓前石刻群

北开门，门前置有石狮子，石狮子都有胸前的绥带、铜铃和流苏。这些特征在东大寺石狮身上完全可以印证。由于南宋王朝在杭州临安建立，大批皇室和平民工匠南迁，在宁波东钱湖周边贵族墓前石工技艺精细化，表示优秀工匠涌集于浙东。在月湖和天童寺发现南宋时代门鼓石底座上的玉狮子（双狮戏球）与日本东大寺石狮子的底座也完全一脉相承。东大寺的重源采用像北宋皇陵那样的石狮子守护日本这座"国寺"的意识，也是重源在日本所首先开创的先例（图12）。

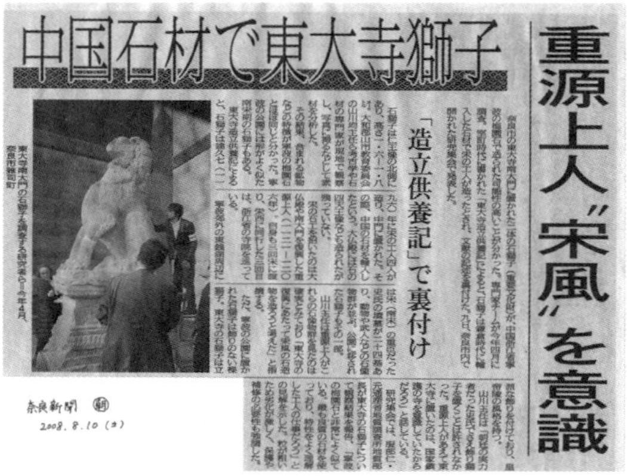

八 结 语

中日石造物与东大寺建筑的研究，现在已经获得很多的成果，对于东大寺石狮子与南大门建造及宋人石工的关联、中国石材的输入和石材比较的研究，也已推向高潮。近数年来，除了东大寺以外的许多日本石造物，如京都泉涌寺开山无缝塔的研究也在进行之中，而且已经得到许多日本和中国的专家、媒体和市民们的关注，因此对中日石造物的研究会更进一步的深化（图13、图14）。

注：本文由宁波市杨古城意译，日本宁波同乡会周华审核

图13 中日石刻专家考查日本东大寺石狮子

图12 中国河南 北宋陵墓石狮子

图14 有关东大寺石狮子的日本媒体报道

214

【征稿启事】

为了促进东方建筑文化和古建筑博物馆探索与研究，由宁波市文化广电新闻出版局主管，保国寺古建筑博物馆主办，清华大学建筑学院为学术后援，文物出版社出版的《东方建筑遗产》丛书正式启动。

本丛书以东方建筑文化和古建筑博物馆研究为宗旨，依托全国重点文物保护单位保国寺，立足地域，兼顾浙东乃至东方古建筑文化，以多元、比较、跨文化的视角，探究东方建筑遗产精粹。其中涉及建筑文化、建筑哲学、建筑美学、建筑伦理学、古建筑营造法式与技术；建筑遗产保护利用的理论与实践；东方建筑对外交流与传播，同时兼顾古建筑专题博物馆的建设与发展等。

本丛书每年出版一卷，每卷约 20 万字。每卷拟设以下栏目：遗产论坛，建筑文化，保国寺研究，建筑美学，佛教建筑，历史村镇，中外建筑，奇构巧筑。

现面向全国征稿：

1. 稿件要求观点明确，论证科学严谨、条理清晰，论据可靠、数字准确并应为能公开发表的数据。文章行文力求鲜明简练，篇幅以 6000—8000 字为宜。如配有与稿件内容密切相关的图片资料尤佳，但图片应符合出版精度需要。引用文献资料需在文中标明，相关资料务求翔实可靠引文准确无误，注释一律采用连续编号的文尾注，项目完备、准确。

2. 来稿应包含题目、作者（姓名、所在单位、职务、邮编、联系电话），摘要、正文、注释等内容。

3. 主办者有权压缩或删改拟用稿件，作者如不同意请在来稿时注明。如该稿件已在别处发表或投稿，也请注明。稿件一经录用，稿酬从优，出版后即付稿费。稿件寄出 3 个月内未见回音，作者可自作处理。稿件不退还，敬请作者自留底稿。

4. 稿件正文（题目、注释例外）请以小四号宋体字 A4 纸打印，并请附带光盘。来稿请寄：宁波江北区洪塘街道保国寺古建筑博物馆，邮政编码：315033。也可发电子邮件：baoguosi1013@163.com。请在信封上或电邮中注明"投稿"字样。

5. 来稿请附详细的作者信息，如工作单位、职称、电话、电子信箱、通讯地址及邮政编码等，以便及时取得联系。